INSTITUT DE FRANCE.

ACADÉMIE DES SCIENCES.

OBSERVATIONS

sur

LE PHYLLOXERA

et sur

LES PARASITAIRES DE LA VIGNE,

PAR LES DÉLÉGUÉS DE L'ACADÉMIE.

IV.

PARIS,

GAUTHIER-VILLARS, IMPRIMEUR-LIBRAIRE

DE L'ÉCOLE POLYTECHNIQUE, DU BUREAU DES LONGITUDES,

SUCCESSEUR DE MALLET-BACHELIER,

Quai des Augustins, 55.

1884

OBSERVATIONS

SUR

LE PHYLLOXERA

ET SUR

LES PARASITAIRES DE LA VIGNE.

LE PHYLLOXERA DU CHÊNE ET LE PHYLLOXERA DE LA VIGNE,

ÉTUDES D'ENTOMOLOGIE AGRICOLE,

Par M. G. BALBIANI.

INTRODUCTION.

Cet Ouvrage n'est pas un Traité didactique du Phylloxera du chêne et du Phylloxera de la vigne, ni une Monographie de ces insectes.

Je me suis proposé simplement de les présenter à l'aide du crayon et de la plume, à l'aide du crayon surtout, sous les deux aspects où ils offrent le plus d'intérêt à l'Entomologie agricole, c'est-à-dire sous ceux de leurs formes et de leur multiplication. Nous ne possédons pas de figures représentant la succession des formes chez le Phylloxera du chêne; pour le Phylloxera de la vigne, nous avons les excellentes figures publiées par M. Maxime Cornu [1],

---

[1] *Études sur le* Phylloxera vastatrix; 1878, *Pl. XVII* à *XX*.

et relatives surtout aux formes agames de l'espèce, la larve, la nymphe et l'insecte ailé, figures rendues populaires par leur reproduction dans un grand nombre d'ouvrages et de journaux. J'ai jugé inutile de figurer à mon tour ces formes bien connues du Phylloxera, pour m'attacher davantage aux individus dioïques ou sexués et à leur progéniture, le Phylloxera printanier ou mère fondatrice des colonies, dont je me suis occupé d'une manière plus spéciale dans la mission que j'avais à remplir comme délégué de l'Académie des Sciences pour l'étude du Phylloxera.

Nous ne savions presque rien de l'évolution biologique des insectes du genre Phylloxera avant l'invasion de la terrible maladie qui frappe la vigne dans presque tous les pays où l'on cultive ce précieux arbuste et la découverte de l'insecte qui en est la cause. En 1873, j'ai publié mes observations sur le Phylloxera du chêne, entreprises comme étude préliminaire du Phylloxera de la vigne ([1]), et bientôt après je retrouvais chez celui-ci des faits presque complètement identiques ([2]). Pendant ce temps, Riley, aux États-Unis ; Roesler, en Autriche ; Victor Fatio, en Suisse ; MM. Planchon et Lichtenstein, Signoret et surtout Max. Cornu, en France, poursuivaient leurs recherches sur le même sujet et nous faisaient connaître un grand nombre de faits intéressants concernant l'évolution et les mœurs du Phylloxera. Je dois une mention particulière à M. Paul Boiteau, de Villegouge (Gironde), qui, en découvrant le lieu de ponte du Phylloxera ailé, et en me permettant de venir achever mes recherches sous son toit et dans son vignoble, a grandement facilité ma tâche. Un temps déjà long s'est écoulé depuis lors ; je tiens à le remercier encore ici de sa généreuse hospitalité.

Il y aura bientôt, en effet, dix ans que j'ai découvert chez M. Boiteau l'œuf d'hiver du Phylloxera de la vigne, après avoir trouvé, deux ans auparavant, celui du Phylloxera du chêne. Ce n'est pas sans émotion que je me rappelle l'espoir que cette découverte fit naître parmi les viticulteurs de la Gironde, voyant déjà dans la destruction de l'œuf d'hiver le remède au mal qui anéantissait leur beau vignoble. Je n'ai pas à dire ici les causes qui ont em-

---

([1]) *Sur la reproduction du Phylloxera du chêne* (*Comptes rendus de l'Académie des Sciences,* t. LXXVII, 1873, p. 830 et 884). — *Mémoire sur la reproduction du Phylloxera du chêne* (*Mémoires présentés par divers savants à l'Académie des Sciences,* t. XXII, n° 14, 1874). — *Observations sur la reproduction du Phylloxera du chêne* (*Annales des Sciences naturelles,* 5ᵉ série, t. XIX, 1874, art. 12). — *Le Phylloxera du chêne,* avec figures (*Revue scientifique* du 6 juin 1874).

([2]) Voyez mes nombreuses Communications à l'Académie des Sciences, dans les *Comptes rendus* de 1874 à 1883.

pêché cet espoir de se réaliser; j'ajouterai seulement que ce n'est point parce que les données scientifiques ont été trouvées en défaut, mais bien plutôt parce que les moyens pratiques ont été jugés insuffisants et que la confiance a disparu à la suite de quelques essais malheureux. Cette confiance, je voudrais la rendre ici aux viticulteurs, en mettant, pour ainsi dire, sous leurs yeux les pièces du procès. J'entends par là les preuves tirées de l'étude anatomique et physiologique des organes reproducteurs du Phylloxera.

En effet, dans plusieurs de mes Communications à l'Académie des Sciences, j'avais cru pouvoir indiquer comme conséquence probable de la destruction de l'œuf d'hiver l'extinction des colonies souterraines de l'insecte, qui seraient ainsi privées de l'élément qui vient chaque année ranimer et entretenir par la fécondation la puissance de multiplication de ces colonies, exclusivement composées de femelles agames. J'ai montré comment, chez celles-ci, la fécondité diminuait dans les générations issues les unes des autres par parthénogénèse, et comment cette diminution avait pour cause l'avortement progressif de l'appareil femelle chez les individus des deux séries entre lesquelles se partage la colonie, savoir : d'une part, ceux qui passent par les états de nymphe et d'ailé pour aboutir aux sexués et à l'œuf fécondé, et, d'autre part, ceux qui restent à l'état aptère et engendrent des générations de larves ou femelles agames de moins en moins prolifiques. Il en résulte que l'espèce serait à chaque instant menacée de disparaître par stérilité, si l'accouplement n'intervenait périodiquement pour la sauver en lui restituant sa fécondité primitive (¹). N'est-il pas dès lors évident qu'en détruisant l'œuf d'hiver, résultat de l'accouplement, on abandonnerait l'insecte à son principe de déchéance, et qu'on parviendrait, sinon à le faire disparaître complètement, du moins à atténuer sa multiplication et à la faire rentrer dans des limites compatibles avec l'existence de la vigne, comme cela a lieu pour les Pucerons ordinaires, qui ne sont que rarement dangereux pour leur plante nourricière, parce que de nombreux ennemis entravent leur développement excessif? Mais il nest pas moins évident que les mesures qui pourraient être conseillées dans ce sens à l'égard du Phylloxera devraient être renouvelées chaque année tant que l'insecte n'aurait pas disparu, ou, ce qu'il est plus facile d'imaginer, tant que sa multiplication n'aurait pas pris des proportions plus modérées, incapables de nuire à la vigne. La destruction de

---

(¹) *Comptes rendus de l'Académie des Sciences*, 4 octobre 1875 et 17 juillet 1876.

l'œuf d'hiver est certainement une idée aussi rationnelle scientifiquement que la destruction des colonies souterraines du Phylloxera ; mais, tandis que celle-ci est largement entrée dans la pratique viticole, où elle est l'objet d'une propagande de plus en plus active, la première n'existe encore qu'à l'état de théorie, acceptée par un petit nombre d'esprits (¹) et réalisée par un plus petit nombre encore de praticiens (²). On trouvera dans ce travail la démonstration matérielle des faits qui lui servent de principe, c'est-à-dire la preuve de la stérilité progressive des colonies du Phylloxera par avortement graduel de l'appareil femelle. Cette dégénération sexuelle s'observe dans les deux expèces du chêne et de la vigne, ce qui prouve qu'elle apparaît comme une loi générale dans tout le genre Phylloxera. C'est un point de la biologie de ces insectes sur lequel je suis revenu si souvent dans mes diverses publications qui les concernent que je crois inutile de m'y arrêter de nouveau ici. C'est d'ailleurs une des conséquences les plus importantes qui se dégageront de ce travail, et dont l'intérêt au point de vue théorique, comme au point de vue pratique, n'a pas besoin d'être mis encore une fois en évidence.

Il me reste à dire quelques mots de la forme que j'ai donnée à cette Publication. Elle ne s'adresse pas seulement aux naturalistes, mais aussi et surtout aux praticiens. J'ai pensé qu'il était plus commode de lui donner la forme d'une sorte d'atlas mettant à la fois sous les yeux la figure de l'objet et son explication. Les Mémoires spéciaux sont rarement lus, sinon par les savants de profession qui veulent se tenir au courant des progrès de la Science qu'ils cultivent ou qu'ils enseignent, et dont la patience est souvent mise à l'épreuve par des publications dont l'étendue ne répond pas toujours à l'importance. Le praticien ou le simple curieux de la nature ne les lisent presque jamais, rebutés par des expressions techniques dont ils ne comprennent pas la signification, et lorsqu'il leur arrive de les ouvrir, la multiplicité des détails les empêche souvent de trouver le renseignement cherché. Savants et ignorants regardent au contraire volontiers un *livre d'images*, où l'objet se présente de lui-même aux yeux avec tous ses détails. Le grand poète Gœthe, qui était aussi un naturaliste de haute valeur, reprochait à ses confrères de trop écrire et de ne pas assez dessiner. A moins

---

(¹) Parmi lesquels je me plais surtout à citer M. Prosper de Lafitte, ancien élève de l'École Polytechnique. Voir son beau Livre intitulé : *Quatre ans de luttes pour nos vignes et nos vins de France*, 1883.

(²) M. Sabaté, au domaine de Cadarsac, près Libourne ; M. Élie Mirepoix, au domaine de Roux, près Carcassonne.

de peindre, comme Buffon, par le style, le reproche est toujours fondé. J'ai essayé de suivre le conseil qu'il renferme ; puissé-je n'être pas resté trop loin du but !

En tête de l'explication des figures relatives à chaque espèce de Phylloxera, on a placé une courte Notice sur son histoire biologique, afin de grouper et de relier ensemble les faits dont on trouvera le détail dans les Planches et l'explication de ces Planches. Dans cette Notice on a résumé les points de l'histoire de chaque insecte qu'il importe le plus aux praticiens de connaître, tandis que dans l'explication des Planches on a relégué ceux qui ont un intérêt plus spécial pour les naturalistes.

Paris, 17 juillet 1884.

LE PHYLLOXERA DU CHÊNE.

(*Planches I à V.*)

BIOLOGIE.

Au premier printemps, lorsque les bourgeons du chêne commencent à s'entr'ouvrir, on voit à leur surface les premiers représentants de l'espèce sous la forme de petits insectes brunâtres, sans ailes, longs d'environ un quart de millimètre (*Pl. I, fig.* 1 et 2) (¹). Ils sortent du creux des écailles, à la base des dernières pousses, ou des crevasses de l'écorce où ils ont séjourné à l'état d'œufs durant tout l'hiver. Aussitôt que les jeunes feuilles ont commencé à se déployer, ils se placent à la face inférieure de celles-ci, près du bord, et enfoncent leur suçoir dans le parenchyme encore tendre. Sous l'influence de cette piqûre, une légère induration se produit dans le point piqué, qui ne tarde pas à jaunir et forme une tache circulaire qui grandit avec l'insecte. En même temps, le bord de la feuille se renverse en dessous dans une certaine étendue et forme un pli sous lequel l'insecte est caché plus ou moins (*Pl. I, fig.* 9). Celui-ci a déjà subi alors une première mue, à la suite de laquelle il a pris une coloration jaune clair, les pattes et les antennes restant plus foncées, comme au premier âge. Après plusieurs autres mues (*Pl. I, fig.* 3 et 4), la larve atteint près d'un millimètre et commence alors à pondre en disposant ses œufs en un cercle dont elle occupe le centre. Rapidement les œufs deviennent très nombreux, une centaine au moins, et forment plusieurs cercles concentriques autour de la mère. Cette grande

(¹) Autrefois on confondait en une seule les deux espèces de Phylloxeras qui vivent sur nos chênes communs (*Quercus sessiliflora* et *Q. pedunculata*). Depuis que j'ai appris à les distinguer, on les désigne sous les noms de *Phylloxera quercus* et *Ph. coccinea* (*Comptes rendus,* 14 septembre 1874). L'espèce dont il est ici question est celle qu'on trouve communément à Paris et dans le nord de la France sur le *Quercus pedunculata :* c'est le *Phylloxera quercus* de la plupart des auteurs (Signoret, Leuckart, Claus, etc.), que quelques-uns désignent au contraire sous le nom de *Ph. coccinea* Heyden.

fécondité est due à deux causes principales : 1° le mode de reproduction, qui a exclusivement lieu par parthénogénèse, c'est-à-dire sans concours d'individus mâles, qui manquent absolument parmi toutes ces pondeuses; 2° le grand développement de l'ovaire, composé de tubes ovigères nombreux, dont la structure sera décrite dans l'explication des Planches (*Pl. IV*).

Au bout de huit à dix jours, suivant la température extérieure, quelquefois même après six jours seulement, lorsque la température est très élevée (20 à 25 degrés centigrades), les œufs éclosent et donnent naissance à une nouvelle génération de petites larves qui se distinguent de celles de la génération précédente par leur forme ovale plus élancée, leur coloration plus claire et quelques autres caractères secondaires (*Pl. I, fig.* 5 et 6). Ces nouveaux individus se répandent partout à la face inférieure de la feuille sur laquelle est établie leur mère, se fixent en un point quelconque en y enfonçant leur rostre et grossissent sans se déplacer.

Bientôt ils sont entourés d'œufs aussi nombreux que ceux qui environnaient leurs mères, et disposés, comme chez celles-ci, en deux ou trois cercles concentriques. A mesure que ces œufs éclosent, d'autres viennent les remplacer, les jeunes abandonnent le groupe et vont se fixer soit dans le voisinage, sur la même feuille, soit sur les feuilles plus jeunes et plus tendres du sommet de la pousse, où ils forment à leur tour de nouveaux groupes d'insectes et d'œufs semblables à ceux dont ils sont sortis. Les générations se suivent ainsi jusque vers la fin de l'été, toujours composées de femelles aptères et agames (¹). A cette époque, un certain nombre d'individus de la dernière génération subissent de nouvelles métamorphoses. Ils arrivent à l'âge de larves adultes, mais ne pondent point et subissent une mue de plus, d'où ils sortent à l'état de nymphe, c'est-à-dire d'un insecte à corps élancé avec des rudiments d'ailes. Enfin une dernière mue en fait des êtres à quatre ailes, vifs et agiles, bien différents des larves apathiques et sédentaires qui se sont succédé jusqu'alors. Ces individus ailés (*Pl. II, fig.* 3 et 4) abandonnent l'arbre où ils sont nés, et, moitié par un vol spontané, moitié en se laissant porter par le vent, vont s'abattre sur d'autres chênes, où ils déposent leur progéniture. Ils jouent, par conséquent, le rôle d'émigrants ou de disséminateurs de l'espèce. Ils déposent sur les feuilles le petit nombre d'œufs que recèle leur corps, les uns isolément, les autres par groupes de deux à quatre ou six œufs. Quelques-uns descendent jusqu'à la base des rameaux et pondent dans le creux des écailles qui y sont placées. Les ailés

---

(¹) C'est-à-dire se reproduisant sans accouplement.

(8)

sont aussi des femelles agames se reproduisant sans mâles. Leurs œufs se distinguent de ceux des agames aptères en ce qu'ils sont de deux grandeurs différentes (*Pl. V, fig.* 14 et 15). Les plus grands donnent naissance à des femelles, de vraies femelles, cette fois, ne se reproduisant qu'avec le concours des mâles. Ces mâles sont ceux qui sortent des petits œufs; ils constituent avec les femelles la génération dioïque du Phylloxera du chêne (¹). Ce sont des êtres d'une organisation singulière. Ils ne grandissent presque pas après leur naissance et ne sont pas destinés à prendre de la nourriture, car la nature leur a refusé des organes de la digestion. Ils sont même privés du long bec ou rostre qui, chez les autres individus, ne constitue pas seulement un organe de succion, mais sert à les retenir solidement en s'implantant dans le tissu de la feuille. L'accouplement de ces petits mâles (*Pl. III, fig.* 1 et 2) et de ces petites femelles (*fig.* 4 et 5) a lieu presque aussitôt leur naissance sur les feuilles ou sur les rameaux, puis, la femelle fécondée descend le long de la tige et pond son œuf unique dans le creux des écailles à la base de celle-ci, ou dans les anfractuosités de l'écorce. Le mâle se met à la recherche d'autres femelles et meurt sur le lieu de son dernier accouplement.

Cependant les ailés n'ont pas seuls le privilège d'engendrer les individus dioïques. Parmi les aptères composant la colonie qu'ils ont abandonnée, quelques-uns arrivent à l'âge adulte et pondent alors, non plus des œufs destinés à donner naissance à des agames comme leur mère, mais des œufs dioïques, c'est-à-dire dont les uns produisent des femelles authentiques et les autres des mâles, presque complètement identiques aux mâles et aux femelles engendrés par les ailés. Ils sont aussi de deux tailles très différentes, les femelles étant les plus grandes, les mâles les plus petits, et ne possèdent les uns et les autres ni rostre ni tube digestif. La ponte d'œufs sexués par les femelles agames aptères n'a lieu que dans l'arrière-saison et l'automne, lorsqu'il n'y a plus d'ailés ou qu'ils sont devenus rares. Elles continuent, en quelque sorte, l'ouvrage commencé par les ailés et approvisionnent leur propre colonie de mâles et de femelles destinés à les régénérer sur place, tandis que les ailés portent, comme nous l'avons vu, ces régénérateurs sur d'autres arbres, où ils deviennent la souche de nouvelles colonies. Cependant tout ne se passe pas absolument de la même manière dans la production des sexués par les agames ailés ou aptères. Si les lieux de ponte

---

(¹) Dioïque se dit des animaux ou des plantes qui ont les deux sexes portés sur des individus différents.

sont les mêmes, c'est-à-dire la surface des feuilles ou le creux des écailles, si les œufs sont déposés isolément ou par petits groupes, et non en cercles concentriques comme les œufs agames, la mère aptère pond un bien plus grand nombre d'œufs que la mère ailée. Il n'est pas rare de voir à côté d'elle un tas de dix à vingt œufs sexués, parmi lesquels les œufs femelles sont toujours en plus forte proportion que les œufs mâles; quelques groupes sont même exclusivement formés d'œufs femelles (¹).

Jamais, par contre, on ne trouve parmi les groupes d'œufs sexués des œufs agames, d'où il suit que les aptères qui engendrent les sexués constituent réellement une catégorie de pondeuses aussi spéciale que les ailés eux-mêmes.

L'œuf fécondé, qu'il soit le produit d'un ailé ou d'un aptère de l'arrière-saison, est soumis à des conditions identiques dans son développement. Au lieu d'éclore en quelques jours, comme l'œuf agame ou œuf d'été, il met des mois entiers pour former le jeune animal dans son intérieur. Il traverse une longue période de repos, l'hiver tout entier, et n'éclôt qu'au printemps suivant : c'est un œuf dormant ou œuf latent. Seul, il représente l'espèce pendant toute la partie froide de l'année, d'où le nom d'*œuf d'hiver* qu'on lui a aussi donné. Avec l'insecte qui s'en échappe au printemps commence un nouveau cycle, où se succèdent, dans l'ordre que nous venons de faire connaître, les cinq formes différentes d'individus qui composent l'espèce du *Phylloxera quercus*, et les trois sortes d'œufs par lesquels elles se reproduisent.

Les cinq formes spécifiques de l'insecte sont :

1° Le Phylloxera printanier ou mère fondatrice;

2° Les agames aptères ou larves ordinaires;

3° Les agames ailés ou émigrants;

4° Les agames aptères pondeuses d'œufs sexués;

5° Les individus composant la génération dioïque.

Des cinq formes de l'espèce, les quatre premières sont exclusivement parthénogénésiques ou agames, la dernière seule se compose d'individus des deux sexes qui se reproduisent par accouplement.

Les trois sortes d'œufs sont :

1° L'œuf fécondé ou œuf d'hiver, par lequel s'ouvre et se ferme chaque cycle d'évolution;

(¹) Dans un groupe composé de 17 œufs, il y en avait 12 femelles et 5 mâles; dans un autre de 22 œufs, 14 étaient femelles et 8 mâles; enfin un dernier groupe de 13 œufs se composait exclusivement d'œufs femelles.

2

2° Les œufs agames ou œufs d'été;

3° Les œufs dioïques ou sexués.

Le Phylloxera du chêne parcourt le cycle entier de son évolution en une seule année. Il naît et meurt avec la végétation, et au déclin de celle-ci l'espèce n'est plus représentée que par les œufs fécondés qui hivernent dans leurs cachettes sur l'arbre. Chaque année un nouveau cycle recommence, se poursuit et s'achève parallèlement pour l'arbre et pour l'insecte. Pour l'un et l'autre, ce cycle se compose de deux périodes bien tranchées : une d'activité et une de repos. C'est la conséquence de l'existence exclusivement aérienne du Phylloxera du chêne, qui l'expose aux mêmes vicissitudes que le système foliaire de la plante dont il se nourrit. Il n'en est pas de même du Phylloxera de la vigne, qui peut choisir le mode d'existence qui lui convient le mieux, vivre à son gré sur les feuilles ou sur les racines ou simultanément sur les unes et les autres. Cette variation dans le genre de vie des deux espèces devient, pour chacune, la source d'une importance économique bien différente. Tandis que le *Phylloxera quercus*, en piquant les feuilles du chêne, provoque leur dessiccation prématurée et n'amène par là qu'un retard dans la croissance de l'arbre, le *Phylloxera vastatrix* fait périr la vigne en s'établissant en permanence sur les organes les plus essentiels de sa nutrition, les radicelles, dont il altère la structure et amène la mort par décomposition (¹). A ces causes, qui rendent infiniment plus redoutable l'action exercée par le Phylloxera de la vigne, se joignent celles qui favorisent sa multiplication dans une proportion à laquelle est bien loin d'atteindre le parasite du chêne, ainsi que nous le verrons dans l'étude spéciale que nous consacrerons au *Phylloxera vastatrix*.

EXPLICATION DES FIGURES RELATIVES AU PHYLLOXERA DU CHÊNE.

PLANCHE I.

Fig. 1. — Jeune individu issu de l'œuf d'hiver, peu d'instants après l'éclosion; vu par la face dorsale et grossi 110 fois. C'est le Phylloxera printanier ou mère

---

(¹) Voyez, sur l'action produite par le Phylloxera sur les racines de la vigne, l'étude approfondie qui en a été faite par M. Max. Cornu dans ses *Études sur le* Phylloxera vastatrix, p. 45 à 150.

fondatrice. On remarquera les petites lamelles chitineuses placées sur le dos et les côtés du corps et qui remplacent chez le jeune les tubercules glandulaires qui existent chez l'adulte (*Pl. II, fig.* 2). Ces lamelles et ces tubercules forment six rangées longitudinales, dont les deux médianes et les deux latérales arrivent jusqu'à l'extrémité postérieure du corps, tandis que les deux rangées intermédiaires s'arrêtent sur le premier ou le second segment abdominal.

Fig. 2. — Le même, vu par la face ventrale et au même grossissement de 110 fois.

Fig. 3 et 4. — Individu plus âgé ayant déjà fait deux mues. Il lui reste à muer une dernière fois avant de prendre la forme et la taille de l'adulte représenté *Pl. II, fig.* 1 et 2. Les lamelles en séries longitudinales de la face dorsale (*fig.* 3) existent encore comme au premier âge. Même grossissement.

Fig. 5 et 6. — Jeune individu issu du Phylloxera printanier et constituant la deuxième génération de l'année. Il est plus ovale et plus allongé que le précédent au même âge. Tous les jeunes des générations agames suivantes présentent des caractères identiques. Même grossissement.

Fig. 7 et 8. — Montrant comparativement la forme de l'antenne chez le jeune Phylloxera printanier et les jeunes des générations suivantes. Le troisième article de l'antenne est plus renflé chez le premier, presque cylindrique chez les derniers. Il présente à son extrémité la fossette olfactive, unique comme chez tous les aptères des Phylloxeras. Grossissement de 380 fois.

Fig. 9. — Portion de feuille de chêne, grossie trois fois, montrant le Phylloxera printanier abrité avec ses œufs sous un pli du bord de la feuille renversé vers la face inférieure. Cette position sur la feuille est spéciale à la mère fondatrice. Les pondeuses des générations suivantes se tiennent simplement sur le plat de la face inférieure de la feuille, qui ne subit aucune déformation.

PLANCHE II.

Fig. 1. — Femelle agame aptère d'une des générations estivales, arrivée à la plénitude de sa taille, grossie 50 fois. On voit par transparence quatre œufs mûrs dans son intérieur.

Fig. 2. — La même, vue par la face dorsale au même grosissement.

Après la dernière mue, les lamelles épidermiques qui existaient auparavant sur le dos de l'insecte sont remplacées par des tubercules crénelés, d'apparence glandulaire, dont chacun est surmonté d'un petit poil court et raide. Ces tubercules forment, comme précédemment les lamelles, six rangées longitudinales, dont les deux médianes et les deux latérales arrivent jusqu'au troisième avant-dernier segment; sur l'avant-dernier et le dernier, les tubercules sont remplacés par des poils simples, et ils manquent complètement entre les rangées médianes et les rangées latérales sur les sept derniers segments du corps.

Fig. 3. — Femelle agame ailée, ou migratrice, vue par la face ventrale, grossie 5o fois.

Fig. 4. — La même représentée du côté dorsal, au même grossissement.

Outre la présence de deux paires d'ailes diaphanes, inégales, l'agame ailé se distingue encore de l'agame aptère par un grand nombre de caractères importants, tels que son corps élancé, divisé en tête, thorax et abdomen, la forme des antennes, le nombre et la structure des yeux, etc. Ces yeux sont multiples et consistent en trois ocelles, ou yeux simples, et deux paires d'yeux composés ou à facettes. Des trois ocelles, l'un, plus petit, est impair et médian, situé à la partie antérieure de la tête, entre la base des antennes; les deux autres sont placés contre le bord interne de chacun des deux gros yeux composés. Ceux-ci forment deux masses mamelonnées, réniformes, composées d'un grand nombre de petites cornées entourées chacune d'un cercle de pigment rouge brun. La seconde paire d'yeux composés est placée au bord postérieur et interne des yeux de la première paire; ils sont beaucoup plus petits que ceux-ci, étant formés de trois cornées seulement entourées de pigment. Ces petits yeux composés sont les seuls qui correspondent aux yeux de la larve ([1]). Cet appareil visuel compliqué est en rapport avec le rôle joué par l'ailé comme agent de dissémination; il lui permet de reconnaître de loin les plantes sur lesquelles il peut fonder de nouvelles colonies.

Les antennes ne présentent pas des différences moindres lorsqu'on les compare à celles de la larve. Ces différences existent surtout dans la structure du dernier ou long article de l'antenne (comparez les *fig.* 5 et 6). Il est presque complètement cylindrique chez la larve (*fig.* 5), tandis que chez l'ailé (*fig.* 6) il présente, au-dessus de son quart postérieur, un étranglement qui ressemble à une articulation et le fait paraître comme divisé en deux articles inégaux. Chaque faux article porte à sa partie antérieure et externe une fossette olfactive dont le développement est en rapport avec celui de la portion de l'antenne à laquelle elle appartient. La fossette postérieure est petite et ovalaire, placée obliquement sur le bord de l'antenne, tandis que la fossette antérieure est très allongée et presque parallèle à ce bord. Ce dernier caractère suffit à lui seul pour distinguer la forme ailée du *Phylloxera quercus* et de toutes les autres espèces de ce genre qui vivent sur les chênes, de la forme ailée du *Phylloxera vastatrix*. Chez celle-ci, en effet, les deux fossettes olfactives de l'antenne sont petites, ovalaires et presque semblables. A l'état de repos des antennes, les fossettes olfactives sont dirigées en avant et en dehors, position favorable pour percevoir les émanations odorantes et permettre à l'insecte d'aller à la recherche de la plante nourricière. L'antenne porte à son extrémité un petit bouquet de poils courts et délicats, qui jouent probablement le rôle de poils olfactifs.

Les segments du thorax qui portent les ailes forment à la région dorsale une large bande transversale foncée, qui tranche sur la coloration plus claire, jaune rougeâtre, du reste du corps. Ils se composent d'un certain nombre de pièces chiti-

---

([1]) La structure et la disposition des yeux chez l'ailé ont été exactement décrites par M. Max. Cornu chez le Phylloxera de la vigne (*Études sur le* Phylloxera vastatrix, p. 53).

(13

neuses, qui, par la variété de leurs tons bruns, présentent un aspect assez élégant
qu'on a essayé de rendre dans la figure (*fig*. 4).

Fig. 5. — Antenne droite d'une femelle aptère ou larve.

Fig. 6. — Antenne gauche d'une femelle ailée.

Ces deux figures sont dessinées au même grossissement de 380 fois et rapprochées pour la comparaison. Voyez leur description à l'explication de la *fig*. 4 de
la Planche.

PLANCHE III.

Fig. 1. — Individu sexué mâle, issu des petits œufs pondus par la femelle agame
ailée; il est représenté par la face dorsale et grossi 110 fois.

Fig. 2. — Le même vu par la face ventrale, au même grossissement.

Le mâle, comme la femelle de la génération dioïque, est dépourvu de rostre, et
ne présente, au point où cet organe se fixe à la tête, chez les autres formes de l'espèce, qu'une sorte de tubercule allongé. Il est aussi dépourvu d'organes digestifs
internes. Malgré la présence d'organes génitaux bien développés, il a tous les caractères d'une larve de Phylloxera au premier âge. Il reste constamment aptère, ne
subit pas de mues et grandit par conséquent à peine après son éclosion de l'œuf.
On voit, dans la *fig*. 2, à l'extrémité postérieure du corps, le pénis proéminant lé-
gèrement à l'extérieur, au-dessus de son fourreau bivalve.

Fig. 3. — Extrémité postérieure du corps, vue de profil et un peu plus grossie
d'un mâle venant de s'accoupler. Le pénis, à l'état de demi-érection, a la forme
d'un petit mamelon conique hérissé de petites pointes chitineuses; il ressemble à
une petite pomme de pin. On voit au-dessous le fourreau pénial rabattu en arrière.

Fig. 4. — Femelle de la génération dioïque, issue des grands œufs de la femelle agame ailée. Elle a été dessinée quelques instants après l'éclosion, au même
grossissement de 110 fois que le mâle, et se présente par la face ventrale. Elle est
environ d'un quart plus grande que le mâle (0^{mm},4) et dépourvue comme celui-ci
de rostre et de tube digestif. Par contre, l'appareil reproducteur, vu par transparence, est bien développé dès la naissance, et occupe une place considérable à
l'intérieur du corps, où il s'étend presque d'une extrémité à l'autre. (*Voyez*, pour la
description détaillée de cet appareil, l'explication de la *fig*. 6, *Pl. V.*)

Fig. 5. — Femelle plus âgée qui s'est déjà accouplée; elle contient son gros œuf
mûr, visible par transparence dans la loge ovigère. Un simple filament indique
l'endroit où se trouvait naguère la chambre germinative de l'ovaire disparue par résorption. Au-dessous de l'œuf, on aperçoit dans l'oviducte quelques faisceaux de
spermatozoïdes.

Fig. 6. — Partie postérieure de l'abdomen de la femelle, vue de profil et montrant
l'orifice vulvaire sous la forme d'une fente transversale à la face ventrale du corps.
Il n'y a pas trace d'orifice anal, non plus que de bouche, chez la femelle et le mâle
de cette génération.

Fig. 7. — Antenne gauche du mâle, grossie 380 fois.

Fig. 8. — Antenne droite de la femelle, au même grossissement.

L'antenne du mâle est assez semblable à celle des petites larves ordinaires (*comp*. la *fig*. 8. *Pl. I*), tandis que l'antenne de la femelle en diffère davantage par son article terminal étranglé, comme pédiculé à sa partie postérieure. A l'extrémité antérieure de cet article se trouve une fossette olfactive semblable à celle des jeunes larves.

PLANCHE IV.

Fig. 1. — Faisceau de tubes ovigères constituant l'un des ovaires d'une mère fondatrice n'ayant pas encore commencé à pondre. Chez cet individu, les tubes étaient au nombre de douze à chaque ovaire; il y en a quelquefois davantage. C'est la forme de l'espèce où l'appareil de reproduction présente son plus grand développement, et qui est par conséquent la plus féconde de toutes. Les tubes ou gaines ovigères augmentent de longueur en s'éloignant de leur insertion à la trompe *c*. Chaque gaine se compose d'une partie supérieure globuleuse ou chambre germinative *a*, dans laquelle se forment les germes des nouveaux ovules; d'une partie moyenne ou loge ovifère *b*, dans laquelle l'ovule grossit et arrive à maturité, et d'une partie postérieure étirée et creusée d'un canal, par laquelle la gaine débouche dans la trompe correspondante *c*. Les deux trompes *c* et *c'* se réunissent en un tronc commun ou oviducte *d*, qui s'ouvre au dehors par l'orifice vulvaire, comme on le voit dans la *fig*. 4 de la Planche. Les deux trompes et l'oviducte sont entourés d'une couche puissante de fibres musculaires transversales, qui, par leur contraction, font cheminer l'œuf dans ces canaux jusqu'à sa sortie par la vulve.

Fig. 2. — L'un des ovaires d'une femelle agame aptère (pondeuse ordinaire), en juillet et en août.

A cette époque de l'année, le nombre des tubes de chaque ovaire s'est considérablement réduit par atrophie et présente de nombreuses variations d'un individu à l'autre, et même d'un ovaire à l'ovaire opposé chez un même individu. Chez celui-ci, il y avait trois gaines d'un côté et quatre de l'autre. Chez d'autres, on en compte de deux à cinq ou six, au plus, de chaque côté. Elles s'insèrent en éventail et en s'étageant les unes au-dessus des autres sur la trompe correspondante. Les gaines disparues par avortement, suivant la date de leur disparition, ne laissent aucune trace ou sont représentées par de petits culs-de-sac en forme de massue, remplis de globules graisseux *e, e, e*. On en voit deux sur la trompe dont l'ovaire est représenté en entier, et une seule sur la trompe opposée *f*, où l'on n'a figuré que la partie postérieure des quatre gaines ovariques. Les trois gaines bien développées de la figure présentent chacune, en arrière de la chambre germinative *a*, deux loges ovifères, dont l'antérieure *b* contient un très jeune ovule, et la postérieure *c* un œuf déjà gros, mais communiquant encore avec la chambre germinative par le pédoncule *d*, qui traverse la loge antérieure. L'oviducte *g*, ainsi que les deux trompes qui le forment par leur réunion, ont une paroi musculaire, comme en *d* (*fig*. 1), mais qui n'a pas été indiquée dans la figure.

(15)

Fig. 3. — Tube ovarique à quatre loges ovifères d'une grosse femelle aptère, observée en mai, qui avait déjà pondu un grand nombre d'œufs. La plupart des gaines, au nombre de vingt-quatre au moins, étaient à trois ou quatre loges, comme celle-ci. Les ovules contenus dans ces loges étaient disposés en file, par ordre de primogéniture, en allant d'arrière en avant. Les trois ovules antérieurs, ou les plus jeunes *b*, *c*, *d*, communiquent encore avec la chambre germinative *a* par leur pédoncule, dont chacun traverse les loges situées en avant pour aboutir à la chambre germinative. L'ovule postérieur seul, *e*, presque mûr, ne communique plus avec cette chambre, son pédoncule étant résorbé.

Fig. 4. — Elle montre en position, du côté dorsal, et dans leurs rapports avec l'extrémité postérieure du corps, les organes accessoires de l'appareil femelle chez une larve adulte. Ces organes sont : 1° un réceptacle séminal *a*, comme celui qu'on rencontre chez un grand nombre de femelles d'insectes qui s'accouplent, mais qui n'existe ici que pour la forme, la larve du *Phylloxera quercus* ne s'accouplant pas. Il se compose, comme d'ordinaire, d'une poche vésiculeuse destinée à emmagasiner la semence du mâle, mais qui ici reste toujours vide, et d'un conduit excréteur, *b*, qui s'insère par un col effilé sur la paroi dorsale du conduit vaginal *f*, à une petite distance de la vulve *g*; 2° deux organes glandulaires, ou glandes sébifiques, dans lesquels s'élabore la matière agglutinative qui enduit les œufs au moment de la ponte et les colle sur la feuille où ils ont été déposés. Ces glandes, au nombre de deux, sont situées de chaque côté de la terminaison de l'oviducte *e*, au point où celui-ci se continue avec le vagin. Elles se composent d'une portion glandulaire, formée d'un tube pelotonné sur lui-même, *c*, où se produit la substance glutineuse, et d'un réservoir, *d*, où elle s'accumule jusqu'au moment de servir. Le réservoir lui-même se prolonge en un col qui traverse l'épaisseur de la paroi de l'oviducte, se réunit à celui du côté opposé et s'ouvre dans ce canal par une fente transversale. Le conduit excréteur du réceptacle séminal croise perpendiculairement en arrière celui des deux glandes sébifiques. Le dernier segment de l'abdomen se trouve anormalement allongé par l'effet de la compression subie par la préparation, mais il n'en montre que mieux le rectum, *h*, qui le traverse suivant son axe longitudinal, et l'anus *i*, placé à l'extrémité du segment.

Fig. 5. — Appareil femelle d'une nymphe ou individu à rudiments d'ailes, qui se transforme en insecte parfait ou ailé à la suite d'une dernière métamorphose. Il est vu par la face dorsale, et dessiné au même grossissement que les autres figures de la Planche.

Cet appareil présente tous les caractères de celui d'une jeune larve ou femelle agame aptère : les tubes ovariques, *a*, sont courts, les ovules peu développés. Les organes accessoires eux-mêmes n'ont pas achevé leur développement : le réceptacle séminal commence à peine à se délimiter en une portion vésiculeuse *d* et une portion excrétrice *e*; le réservoir *c* des glandes sébifiques, *b*, est vide, et montre les plis vermiculés de sa tunique cuticulaire interne. L'insecte, en effet, n'a pas encore pondu jusque-là et attend, pour se reproduire, la dernière période de son existence, celle où il aura acquis des ailes; — *f*, plis longitudinaux de la cuticule du canal vaginal, dont les parois sont encore relativement épaisses.

Fig. 6. — Extrémité supérieure d'une gaine ovarique bien développée, montrant sur une coupe optique l'intérieur de la chambre germinative. Le centre de cette chambre est occupé par une masse plasmique finement granuleuse qui émet de sa périphérie deux sortes de prolongements : les uns sont cunéiformes, pâles, et disposés en rayonnant autour de la masse centrale; chacun d'eux renferme un noyau assez large muni de plusieurs nucléoles assez gros. Les autres sont piriformes et partent de la partie postérieure de la masse centrale, en se dirigeant vers la gaine ovarique; ils renferment un petit noyau clair avec un nucléole unique fort minime et semblable à un granule brillant. Les prolongements rayonnants cunéiformes constituent les éléments appelés *cellules vitellogènes* (¹); les prolongements piriformes de la partie postérieure de la chambre germinative sont de jeunes ovules, et l'un deux occupe même déjà, à l'arrière de la chambre germinative, une petite loge où il va achever de se développer.

PLANCHE V.

Fig. 1. — L'un des ovaires d'une larve destinée à se transformer en nymphe et en ailé. Chez les larves de cette sorte, les ovaires se composent toujours d'un nombre restreint de tubes ovariques, six au plus de chaque côté, comme ici, et ces tubes n'acquièrent leur développement complet que dans le passage de la nymphe à l'insecte ailé (*voir* la *fig*. 5, *Pl. IV,* et l'explication de cette figure). En automne, ces mêmes larves acquièrent, sans s'être métamorphosées, des ovaires bien développés et mettent au monde des œufs des deux sexes semblables à ceux des ailés. Les organes accessoires femelles, c'est-à-dire le réceptacle séminal et les glandes sébifiques, existent aussi chez ces larves, comme chez toutes les autres formes femelles de l'espèce, mais ils n'atteignent leur développement complet que chez l'ailé ou les larves automnales adultes.

Fig. 2. — Partie postérieure du corps d'un individu mâle, vue par la face ventrale et fortement grossie. On voit les organes mâles internes en place, tels qu'ils se présentent chez l'individu vivant.

Fig. 3. — Les mêmes organes après le traitement par l'acide acétique dilué.

Dans ces deux figures, *a* désigne les capsules testiculaires avec des spermatozoïdes bien développés et leurs cellules de développement. Au-dessous de ces capsules se trouvent, en *b*, les deux glandes accessoires mâles, dont le produit de sécrétion se déverse dans le canal éjaculateur *c*, où il se mêle au sperme pour le délayer. Le canal éjaculateur est retiré à l'intérieur du corps à l'état de repos, et est susceptible de s'évaginer au dehors pour fonctionner comme pénis; *d*, prolongement

---

(¹) Je les regarde comme des ovules abortifs, opinion à laquelle je suis arrivé depuis longtemps par mes recherches sur les Pucerons (*Annales des Sciences naturelles*, 5ᵉ série, t. XIV: 1870), et à laquelle s'est rangé aussi, dans ces derniers temps, Ludwig Will, bien que cet auteur explique autrement que je ne l'ai fait le rôle de ces cellules. (*Arbeiten aus dem zool.-zootom. Institut in Würzburg*, Bd. VI, p. 238; 1883.)

bivalve, en forme de gouttière, du dernier segment abdominal, dont les deux bords peuvent se rapprocher (*fig.* 2) ou s'écarter (*fig.* 3) pour laisser passer le pénis (¹); *x*, amas de cellules graisseuses, colorées en jaune, répandues entre les organes internes de la génération; *y*, base des pattes de la dernière paire.

Fig. 4. — Faisceaux de spermatozoïdes filiformes extraits du testicule par compression chez un mâle venant d'éclore.

Fig. 5. — Spermatozoïdes isolés, complètement mûrs, extraits par écrasement du testicule.

Fig. 6. — Vue générale de l'appareil de la reproduction d'une femelle dioïque au moment de l'accouplement; les organes sont représentés par la face dorsale.

Les ovaires, dont le nombre des gaines a été en diminuant de plus en plus dans les générations successives d'agames aptères et chez la femelle ailée, sont arrivés à leur expression la plus simple chez la femelle dioïque, fille de l'ailé. L'ovaire droit est avorté en entier et n'est représenté que par une petite excroissance en cul-de-sac de l'oviducte, *k*, vestige de la trompe de ce côté. L'ovaire gauche est réduit à un seul tube placé dans l'axe longitudinal du corps; ce tube est relativement très développé, car il remplit la plus grande partie du corps de la femelle et arrive par son extrémité antérieure jusqu'au niveau de la première paire de pattes (*comp.* la *fig.* 4, *Pl. III*). Il se compose d'une petite chambre germinative, *a*, et d'une seule loge ovifère, *b*, dans laquelle se développe et mûrit l'œuf unique, l'œuf fécondable ou futur œuf d'hiver. La partie antérieure, *c*, de l'oviducte et la trompe rudimentaire *k* remplissent pendant l'accouplement le rôle de réceptacle séminal et renferment de nombreux spermatozoïdes; le véritable réceptacle *h* reste trop imparfaitement développé pour servir à cet usage, son conduit excréteur *i* ne pouvant, en raison de son étroitesse, laisser pénétrer le pénis du mâle; *d*, vagin; *e*, orifice vaginal; *f*, glandes sébifiques; *g*, leur réservoir rempli de la matière agglutinative qui sert d'enduit à l'œuf.

Fig. 7. — Glande sébifique d'une femelle agame aptère, traitée par la compression et l'acide acétique. Le tube pelotonné qui la constitue s'est en partie déroulé; son axe est parcouru par un canal étroit que remplit la matière sécrétée. Les cellules glandulaires sont rendues bien visibles par l'action du réactif; *b*, réservoir de la glande dans lequel la matière sébifique s'est rassemblée sous forme de globules réfringents.

Fig. 8. — Glande sébifique traitée par une solution de potasse caustique, qui l'a presque dissoute en laissant intacte la substance sébifique contenue dans son intérieur. Celle-ci se dessine sous forme de lignes sinueuses, foncées, réfringentes, marquant le trajet des ramifications de la glande *a*. Dans le réservoir *b* et son conduit

---

(¹) Comparez la description que j'ai donnée des organes mâles internes et externes, et de leur mode de fonctionnement chez les Pucerons ordinaires, dans mon *Mémoire sur la génération des Aphides* (*Annales des Sciences naturelles*, 5ᵉ série, t. XI, p. 1 à 89; 1869).

excréteur *c*, la matière forme une masse mamelonnée à sa surface, sorte de moulage naturel de ces parties.

Fig. 9. — Œuf pondu du Phylloxera printanier ou mère fondatrice, grossi 110 fois. Il mesure en moyenne 0^{mm},26 de long et 0^{mm},12 de large; il est blanc jaunâtre, à surface lisse et unie; sa forme est irrégulièrement ovoïde avec une face plus convexe que l'autre.

Fig. 10. — Même œuf au début du développement de l'embryon; il présente un blastoderme bien formé *a*, entourant la masse centrale du vitellus *b*.

Fig. 11. — Stade plus avancé du développement; le blastoderme s'est invaginé au pôle postérieur de l'œuf *c* pour former le rudiment de l'embryon; *a*, blastoderme devenant plus tard l'enveloppe séreuse de l'embryon; *b*, vitellus commençant à se diviser en segments au pôle antérieur.

Fig. 12. — Œuf avec un blastoderme bien formé. Il a été aplati par compression après avoir été roulé; cette manœuvre a détaché le blastoderme *a* du vitellus *b*, sauf aux pôles, où ces deux parties adhèrent encore l'une à l'autre. On aperçoit très bien la face interne du blastoderme, toute couverte de petites bosselures formées par les cellules blastodermiques.

Fig. 13. — Œuf avec un embryon bien formé vu par la face ventrale; la ligne longitudinale qu'on aperçoit à la partie antérieure indique la crête denticulée qui sert à l'embryon à fendre la membrane de l'œuf.

Fig. 14 et 15. — Œufs dioïques de la femelle agame ailée; le plus petit est l'œuf mâle, le plus grand l'œuf femelle; ils sont figurés au même grossissement de 110 fois. Les dimensions de l'œuf femelle sont 0^{mm},38 de long sur 0^{mm},19 de large; celles de l'œuf mâle, 0^{mm},29 de long et 0^{mm},15 de large. Fraîchement pondus, ils ont la même coloration blanc jaunâtre; mais, lorsque l'embryon devient visible, l'œuf mâle prend une teinte brun rougeâtre, tandis que l'œuf femelle conserve sa coloration jaune pâle. Cette différence de couleur tient aux globules graisseux des cellules adipeuses chez les embryons des deux sexes. Elle persiste après l'éclosion et permet facilement, outre la différence de taille, de distinguer les mâles et les femelles de cette génération dioïque (¹). Dans les deux sortes d'œufs, l'enveloppe extérieure ou chorion présente à sa surface un réseau en relief à mailles hexagonales régulières, formé par les empreintes des cellules épithéliales de l'ovaire; cette réticulation est bien visible surtout sur les œufs qui renferment un embryon bien développé, lorsqu'on les examine à la lumière incidente sur un fond noir.

Fig. 16. — Embryon mâle sous l'enveloppe de l'œuf. On saisit facilement les différences qu'il présente avec l'embryon agame en comparant cette figure avec la *fig.* 13; la différence principale est l'absence du rostre chez l'embryon mâle.

______

(¹) Chez un grand nombre de Pucerons, les mâles et les femelles ovipares se distinguent aussi, dans une même espèce, par leur coloration différente.

Fig. 17. — Œuf fraîchement pondu d'une femelle dioïque : c'est l'œuf fécondé ou œuf d'hiver. On aperçoit encore de nombreux spermatozoïdes dans le micropyle *a*. La surface du chorion présente la même réticulation en relief que les œufs de l'agame ailé (*comp.* les *fig.* 14 et 15). Au pôle postérieur, il s'épaissit pour former le crochet fixateur *b* (¹). Un autre épaississement s'élève de sa face interne, vis-à-vis du premier, et constitue un bouton rougeâtre qui proémine dans le vitellus (*fig.* 19, *a*). La structure de ces parties sera décrite en détail chez le *Phylloxera vastatrix*, où on les observe également (*voir* les *fig.* 7 et 8, *Pl. X* et leur explication).

Fig. 18. — Portion très grossie du chorion de l'œuf précédent. Elle est criblée de petites ouvertures, qui sont celles des canaux fins et serrés, dits *canalicules poreux,* qui traversent son épaisseur, ainsi qu'on peut le voir sur la tranche du fragment de chorion représenté. Ces petits canaux favorisent les échanges gazeux entre l'atmosphère et le contenu de l'œuf.

Fig. 19. — Œuf fécondé et pondu de la femelle dioïque, au début du développement embryonnaire. Dans sa moitié antérieure, il est vu par la surface; dans sa moitié postérieure, suivant une coupe optique passant par son plan médian. La coloration blanc jaunâtre de l'œuf a fait place à une teinte violacée, parsemée de taches noirâtres arrondies, teinte qui est d'abord visible au pôle antérieur et s'étend ensuite sur tout le reste de la surface. Elle a son siège dans le chorion, tandis que les taches foncées arrondies sont placées dans les cellules de l'enveloppe séreuse et dues à de fines granulations pigmentaires accumulées autour des noyaux de ces cellules. Le vitellus de nutrition est divisé dans toute sa masse en segments polyédriques, indiqués seulement dans la partie postérieure de la figure (²).

(¹) Cet appendice du pôle postérieur n'a rien de commun avec un micropyle; il n'est pas perforé et ne renferme jamais de spermatozoïdes. On observe un prolongement analogue au pôle postérieur de l'œuf des Pucerons ovipares et d'autres insectes.

(²) Ces premiers phénomènes du développement de l'œuf du Phylloxera du chêne sont entièrement analogues à ceux dont j'ai donné une description détaillée chez les Pucerons ovipares, dans mon *Mémoire sur la génération des Aphides* (*Annales des Sciences naturelles,* t. XV; 1872).

LE PHYLLOXERA DE LA VIGNE.

(Planches VI à XI.)

BIOLOGIE.

Pour se retrouver un peu au milieu des phénomènes compliqués des mœurs et de l'évolution du Phylloxera de la vigne, il faut admettre que cet insecte, dont la majeure partie de la vie se passe chez nous sur les racines de la vigne, menait originairement une existence tout aérienne, comme les autres espèces du genre Phylloxera, et qu'il n'a pris que par une adaptation nouvelle l'habitude de vivre aussi sur les racines, à l'abri de l'air et de la lumière. Cette conclusion me paraît ressortir des faits suivants :

1° La prédilection du Phylloxera pour les feuilles de sa plante nourricière originelle, la vigne américaine, témoignée par la fréquence des galles sur ces feuilles et leur rareté sur celles de nos vignes indigènes;

2° La facilité avec laquelle les Phylloxeras gallicoles deviennent radicicoles (¹) et réciproquement;

3° Les phases les plus importantes de la vie évolutive du Phylloxera, savoir : sa transformation en ailé, la production de la génération dioïque, l'accouplement, la ponte et l'éclosion de l'œuf fécondé s'accomplissent à l'air libre ; c'est à l'air que le cycle biologique s'ouvre et se ferme chaque année, comme chez le Phylloxera du chêne, et le séjour à l'intérieur du sol ne fait que prolonger, pour quelques individus, la durée de la période larvaire en la faisant passer d'une année à l'autre.

Comment l'insecte a-t-il pris l'habitude de son double genre de vie aérien et souterrain? Voici comment je pense que les choses ont dû se passer. On

---

(¹) Cette facilité est prouvée par un grand nombre d'observations et j'ai pu m'en convaincre encore tout récemment. Ayant placé, au printemps, dans un grand bocal, rempli de feuilles chargées de galles, quelques morceaux de racine de vigne saine, ceux-ci se sont promptement couverts de jeunes gallicoles, dont beaucoup, moins d'un mois après, avaient atteint un millimètre et étaient en pleine ponte. Au mois d'août suivant ont apparu des nymphes et des ailés.

sait que rien n'est mieux établi que le fait de la disparition, à l'approche de l'hiver, des colonies de nos Pucerons ordinaires, qui passent la belle saison sur les parties vertes des plantes, et que l'espèce n'échappe à la destruction que grâce aux œufs qu'ils ont pondus l'automne précédent. Mais on sait aussi que quelques femelles vivipares hivernent çà et là, cachées sous les pierres, la mousse, l'écorce des arbres, pour continuer à se reproduire au printemps ([1]). En s'enfonçant sous terre, les premiers Phylloxeras n'avaient probablement aussi d'autre but que d'hiverner, et, ayant rencontré les racines de la vigne, ils s'y sont fixés. Ils se sont si bien trouvés de cette nouvelle condition qu'ils ne sont plus retournés aux feuilles au printemps, mais sont demeurés sur les racines et s'y sont multipliés. Ce qui n'avait d'abord été qu'un accident pour quelques individus est devenu plus tard une loi pour l'espèce, et peu à peu la vie souterraine a pris le dessus sur la vie aérienne. Seul, l'instinct de migration, qui exerce un empire si puissant sur un grand nombre d'animaux, les rappelle périodiquement à la surface du sol d'où l'on voit s'élever à la fin de l'été ces essaims d'ailés qui se répandent de tous côtés et fondent de nouvelles colonies retrempées par l'accouplement. En un mot, le Phylloxera n'est devenu radicicole que par nécessité, c'est-à-dire pour échapper aux causes de destruction par le froid et l'absence de nourriture, et cet instinct s'est perpétué et fortifié par transmission héréditaire de génération en génération jusqu'à nos Phylloxeras actuels ([2]).

([1]) Voir sur ces faits mon Mémoire déjà cité dans les *Annales des Sciences naturelles*, 5ᵉ série, t. XI, 1869.

([2]) Cette manière de voir pourrait être encore défendue par des arguments tirés de la Paléontologie. L'existence de la vigne aux temps géologiques a été reconnue, et l'on s'est même assuré que les échantillons de cette plante qu'on a trouvés à l'état fossile ont une ressemblance d'autant plus grande avec nos vignes américaines actuelles qu'ils remontent à une époque plus reculée. Les vignes fossiles des terrains tertiaires anciens rappellent les types américains *cordifolia* et *riparia,* et le *Vitis sezannensis* du paléocène présente même une identité complète avec le *V. rotundifolia* américain. Ces espèces vivantes sont du nombre de celles dont le Phylloxera recherche le plus les feuilles, comme le prouvent les galles nombreuses qui les couvrent fréquemment, surtout celles du *Riparia,* tandis qu'il se plaît beaucoup moins sur leurs racines. Or, si l'on admet que la vigne avait déjà son parasite aux temps géologiques, on verra dans la préférence qu'il accorde encore aux feuilles des vignes américaines actuelles la preuve qu'il en agissait de même à l'égard des vignes fossiles, et que ses habitudes radicicoles n'ont été acquises que plus tard. On peut même aller encore plus loin dans la voie de ces suppositions et se demander à quelle époque de son existence géologique et sous quelles influences ce changement dans ses habitudes a eu lieu. En admettant avec nous que le besoin d'hiverner a été l'origine de sa vie radicicole, on ne présumera pas trop en faisant remonter ce changement à l'époque glaciaire, qui, en amenant le refroidissement de notre climat et la défoliation périodique de la vigne, a forcé d'abord le Phyl-

(22)

On voit immédiatement la différence que ce changement dans le genre de vie du Phylloxera de la vigne établit entre ses mœurs et celles du Phylloxera du chêne : celui-ci est demeuré exclusivement foliicole ; il naît et meurt sur les feuilles du chêne ; aucune femelle n'a encore été surprise en état d'hibernation sur les racines ou ailleurs, et pendant toute la partie froide de l'année l'espèce n'existe en quelque sorte qu'à l'état de germes, c'est-à-dire par les œufs fécondés déposés avant l'hiver. Il en résulte que, si l'on pouvait anéantir tous ces œufs, l'espèce du *Phylloxera quercus* disparaîtrait subitement, tandis que la même opération, exécutée sur les œufs d'hiver du *Phylloxera vastatrix*, en laissant subsister les colonies souterraines, ne serait pas suivie d'un effet aussi prompt sur la vie de l'espèce. Mais, pour être plus lente, sa disparition n'en serait pas moins assurée par la stérilité qui envahirait graduellement les colonies souterraines, privées de leur agent régénérateur, l'œuf d'hiver.

Avec la vie souterraine, un changement non moins important s'est opéré dans les propriétés physiologiques du Phylloxera de la vigne. En s'accoutumant à vivre sur les racines, les larves, que certaines circonstances ramènent à leur ancien genre de vie sur les feuilles, ont perdu la faculté de se métamorphoser en insectes parfaits ou ailés, et de devenir ainsi la souche d'individus dioïques et d'œufs fécondés. La production de ces derniers reste exclusivement dévolue aux insectes radicicoles, probablement comme conséquence de leur adaptation plus complète au milieu ambiant, d'où le profit plus grand qu'ils tirent de leur nourriture pour la formation de nouveaux organes et l'accomplissement régulier du cycle de leurs métamorphoses (¹).

La vie radicicole ne fournit pas seulement au Phylloxera sa nourriture lorsque la vigne s'est dépouillée de ses feuilles, et garantit ainsi la pérennité

---

loxera à se réfugier temporairement sous terre à chacune de ces périodes, avant qu'il prît l'habitude d'y vivre d'une manière permanente.

(¹) Jusqu'ici les métamorphoses des Phylloxeras gallicoles ne sont rien moins que démontrées, malgré les assertions contraires de quelques observateurs, Shimer, Knyassef, M. Champin, qui auraient vu des nymphes et des ailés dans l'intérieur des galles. Je me suis livré, soit seul, soit avec le concours de M. Henneguy, à des recherches effectuées à toutes les périodes de l'existence des galles, dans le but de vérifier ces faits, sans y parvenir jusqu'ici. Jamais non plus nous n'avons trouvé de sexués issus directement d'aptères gallicoles. J'avais considéré longtemps cette production de sexués par des larves gallicoles comme possible, probable même par analogie avec le Phylloxera du chêne, où, ainsi que nous l'avons vu, ils sont engendrés indifféremment par des mères ailées ou aptères, mais en automne seulement par ces dernières [voir Henneguy, *Sur le Phylloxera gallicole* (*Comptes rendus de l'Académie des Sciences,* 4 décembre 1882)].

de ses colonies, — dans certaines localités bien exposées du Midi, les pontes elles-mêmes continuent l'hiver, — elle lui assure un autre avantage sur ses congénères, les Pucerons à vie aérienne, celui de vivre en paix pour lui-même et sa progéniture, à l'abri des nombreux ennemis qui font la guerre aux premiers, et maintiennent, en les décimant, leur propagation dans des limites compatibles avec la santé de la plante nourricière. Mais c'est là la moindre cause de la prodigieuse multiplication du Phylloxera. La raison principale est son mode de reproduction. Sous sa triple forme de pondeuse radicicole, de pondeuse gallicole et d'insecte ailé, le Phylloxera se multiplie sans le secours du mâle, par reproduction virginale ou parthénogénèse, comme je l'ai montré en constatant l'absence de spermatozoïdes dans le réceptacle séminal chez ces trois sortes de femelles (¹). De plus, les ovaires des larves gallicoles et radicicoles se composent d'un grand nombre de tubes ovifères, surtout chez la mère fondatrice, où l'on n'en compte pas moins de quarante à cinquante, et chacun de ces tubes est le siège d'une production active de nouveaux ovules qui arrivent rapidement à maturité et éclosent en quelques jours (²).

(¹) *Comptes rendus de l'Académie des Sciences*, 13 octobre 1873. Dès 1859, Leuckart (*Archiv für Naturgeschichte*, 1859) avait conclu par une observation analogue à la parthénogénèse des femelles aptères du *Phylloxera quercus*, conclusion que j'ai confirmée pour ces mêmes femelles et les femelles ailées de cette espèce.

(²) Quelques auteurs estiment qu'une même pondeuse peut produire une descendance de plusieurs millions d'individus en quelques mois. Dans ces évaluations, où le calcul entre pour une part beaucoup plus forte que l'observation directe, il y a une grande exagération. Ainsi, ayant constaté par exemple qu'une femelle avait pondu neuf œufs en un seul jour (maximum observé assez rarement par moi), ils en ont conclu que sa fécondité se maintenait au même taux ou à un taux approchant pendant toute la durée de son existence, évaluée à un mois environ, et se transmettait sans rien perdre à toutes ses filles, petites-filles, arrière-petites-filles, etc., suivant une progression géométrique dont la raison est 9. Lorsqu'on observe au contraire ce qui se passe dans la nature, on constate : 1° que le nombre d'œufs pondus par une même femelle, bien que présentant des variations journalières assez considérables, suit une progression décroissante continue jusqu'au jour de sa mort; 2° que la fécondité diminue en raison directe du nombre des générations issues les unes des autres, c'est-à-dire du printemps à l'automne pour une même lignée annuelle. La raison de cette diminution est d'abord le progrès de l'âge, qui rend les animaux de moins en moins fertiles, ensuite l'avortement d'un nombre de plus en plus grand de gaines ovariques chez les femelles d'une même lignée. Nous revenons plus bas sur cette dégénération progressive de l'appareil femelle chez le Phylloxera et sur les conséquences pratiques que l'on peut en déduire. Je ne donnerai ici qu'un seul exemple de la décroissance des pontes chez une femelle que j'ai pu suivre du 9 au 30 juillet, c'est-à-dire pendant vingt jours consécutifs. La série de chiffres suivante exprime les variations quotidiennes des pontes chez cette femelle : 5, 3, 3, 1, 1, 5, 3, 3, 3, 1, 2, 4, 2, 2, 2, 3, 1, 1, 1, 1 ; total : 53 œufs en vingt jours. Après la dernière ponte la mère vécut encore trois jours et mourut le vingt-quatrième jour de l'observation. En supposant chez chacune des 53 filles issues des œufs pondus une fécondité égale à celle de leur mère, cela n'aurait fait qu'une descen-

Toutes ces causes expliquent pourquoi l'insecte pullule sur les racines de la vigne. Toutefois sa fécondité n'est pas indéfinie ; elle est restreinte par un phénomène physiologique des plus intéressants, sur lequel j'ai eu souvent l'occasion d'appeler l'attention des naturalistes et des praticiens dans mes publications antérieures sur le Phylloxera. Je veux parler de l'atrophie graduelle qui frappe l'ovaire dans les générations successives des femelles agames, et fait descendre d'une manière assez rapide le nombre de ses tubes, qui, de quarante à cinquante chez la mère fondatrice, tombe à un seul constituant tout l'ovaire de la femelle dioïque. Cette dégénération sexuelle est évidemment en relation avec la répétition des processus parthénogénésiques. La reproduction solitaire des femelles s'épuisant par son exercice même devient de moins en moins capable de maintenir l'énergie vitale de l'œuf, lequel ne pourra dès lors donner naissance qu'à un être affaibli. Ainsi que cela s'observe toujours en pareil cas, c'est l'organe générateur, et surtout l'organe femelle, qui est frappé avant l'organisme individuel. Si le mâle n'intervenait pas à ce moment pour ranimer cette faculté près de s'éteindre, l'espèce devrait nécessairement disparaitre par stérilité après un certain nombre de générations agames. Cette stérilité a tantôt pour cause l'infécondité des œufs, tantôt la production exclusive d'individus mâles. On a observé l'une et l'autre dans les expériences bien connues de Carlier et de Weijenbergh. Carlier élevant trois générations vierges successives du *Liparis dispar* n'obtint à la dernière que des mâles. Dans l'expérience de Weijenbergh (¹), à la troisième génération vierge, les femelles ne pondirent que des œufs stériles. L'expérience de Carlier et de Weijenbergh se vérifie chaque année dans nos vignobles lorsque apparaissent les sexués du Phylloxera. Supposez leur accouplement empêché par une cause quelconque, et l'on a le double résultat des observateurs précités. Le défaut d'accouplement se réalise d'ailleurs fréquemment, dans l'état naturel, chez nos insectes. Chez les Phylloxeras, comme chez les Pucerons ordinaires, la proportion des individus des deux sexes n'est pas la même à chaque moment de la période sexuelle, de manière à rendre l'accouplement toujours possible. Il y a, en premier lieu, une disproportion marquée entre le nombre des mâles et celui des femelles, qui l'emportent toujours beaucoup sur les pre-

---

dance de 2809 individus en quarante jours, ou de 148 877 individus en soixante jours ou deux mois. On comprend, sans qu'il soit besoin de recourir à des chiffres aussi exagérés que ceux qui ont été donnés, que pareil nombre d'insectes sur une racine suffit et au delà pour l'épuiser promptement et en amener la destruction.

(¹) *Archives néerlandaises des Sciences mathématiques et naturelles*, t. V. 1870.

miers. En outre, le phénomène de la protérandrie ou précocité des mâles est très répandu chez tous les animaux de cette famille (¹). Si, aux causes précédentes, on ajoute enfin la courte longévité des mâles chez le Phylloxera, on comprendra facilement comment un grand nombre de femelles ne parviennent pas à s'accoupler et meurent sans postérité. C'est ce qui explique la rareté des œufs fécondés dans les vignobles, mais cette rareté est amplement rachetée par la fécondité de l'insecte qui en sort.

A son tour, cette fécondité a son correctif dans l'épuisement graduel et la térilité finale qui sont presque toujours la conséquence de la reproduction solitaire ou agame, laquelle, semblable à une horloge qui a sans cesse besoin d'être remontée, ne peut s'exercer de nouveau que par l'acte fondamental de l'accouplement et de la fécondation. C'est sur la connaissance de ces faits que j'ai fondé l'espoir d'arrêter les ravages du Phylloxera en empêchant sa régénération par l'œuf fécondé, et des expériences en grande culture se poursuivent actuellement, afin de soumettre cette vue à l'épreuve de la pratique (²).

Après ces considérations générales sur les mœurs et l'évolution du Phylloxera, j'aurais à décrire les caractères des différentes formes de l'insecte et à indiquer leur ordre de succession, qui constitue le cycle biologique du *Phylloxera vastatrix*.

Ce cycle est presque exactement calqué sur celui du Phylloxera du chêne, que j'ai retracé dans la première partie de ce travail. Il se compose des mêmes stades, sauf quelques différences que j'ai déjà indiquées. L'étude des femelles agames, aptères et ailées, du Phylloxera de la vigne a été faite avec grand détail par M. Max. Cornu, dans son important Mémoire déjà souvent cité. Les observations de M. Cornu concernent surtout la morphologie exté-

---

(¹) D'après mes évaluations, la proportion des mâles est d'environ 20 pour 100 de celle des femelles, chez les Pucerons ordinaires. Les mâles et les femelles sont mis au monde en automne par les mêmes mères agames qui, durant l'été, n'ont engendré que de nombreux agames. Voici ce que mes observations et mes expériences m'ont appris sur la manière dont se fait le passage de la production des agames à la production des sexués. La mère, qui n'a d'abord engendré qu'une longue série d'agames, arrivée vers la fin de cette période de reproduction, met au monde, pendant un à trois jours, un mélange d'agames et de sexués, mâles ou femelles; puis, les agames disparaissent de la progéniture, et ce sont des sexués qui sont exclusivement engendrés. Parmi ceux-ci, les mâles prédominent d'abord, puis les femelles; enfin, au bout de deux à six jours de cette progéniture mixte commence une longue série de femelles qui ne se termine qu'à la mort de la mère, et ne fournit qu'un petit nombre d'individus trouvant à s'accoupler avec les mâles survivants.

(²) Voir ma Lettre au Ministre de l'Agriculture dans les Procès-Verbaux de la Commission supérieure du Phylloxera de 1881.

rieure de l'insecte et ses transformations d'âge en âge, à la suite des mues
dont il a étudié avec soin le mécanisme; il s'est moins arrêté sur l'organisation interne, notamment sur l'appareil de la reproduction, d'un intérêt à
la fois pratique et scientifique si grand. L'histoire des individus dioïques
ne l'a pas non plus beaucoup occupé, et il s'est volontairement reposé sur
moi pour cette partie de sa tâche. J'ai essayé de combler ces lacunes du Mémoire de M. Cornu dans le présent travail, qui devient ainsi le complément
du sien. Dans cette sorte de collaboration, nous confondons nos efforts
comme nous le faisions jadis lorsque nous observions en commun les mœurs
du Phylloxera dans les vignobles de Cognac, allégeant par cette confrater-
nité scientifique ce que ces recherches auraient eu souvent de pénible pour
l'observateur isolé. Je renvoie par conséquent le lecteur au Mémoire de
M. Cornu et aux excellentes Planches qui l'accompagnent pour tout ce qui
concerne la morphologie et la biologie des formes agames du *Phylloxera vastatrix*, et me contente de terminer ces généralités par quelques détails sur
les formes sexuées, détails que compléteront les figures qui les concernent
et les explications de ces figures.

Les sexués, qui composent la génération dioïque du Phylloxera de la
vigne (¹), présentent la plus grande ressemblance avec leurs congénères du
Phylloxera du chêne. Ils représentent, comme ceux-ci, la forme la plus dé-
gradée de l'espèce, tant au point de vue des fonctions individuelles qu'au
point de vue des fonctions de multiplication. Ils sont incapables d'engendrer
solitairement, comme les autres formes du Phylloxera, et constituent par
conséquent, pris individuellement, des êtres absolument stériles. Sous ce
rapport, ils sont placés à l'autre extrémité de l'échelle dont le Phylloxera
printanier ou mère fondatrice occupe l'échelon supérieur. Ils n'ont cependant d'autre destinée que la procréation, pour laquelle ils sont obligés de
s'unir dans l'acte de l'accouplement, en vue duquel tout le reste a été sa-
crifié. Ils n'ont point d'organes de la digestion, ne prennent, par conséquent,
aucune nourriture pendant les quelques jours que dure leur existence, et
ne se soutiennent que par la petite quantité de jaune ou substance vitelline
qu'ils ont emportée de l'œuf et que renferme la cavité de leur corps. Ne se
nourrissant pas, leur taille grossit à peine et reste à peu près jusqu'à leur
mort ce qu'elle était au moment de la naissance, savoir : pour le mâle,

---

(¹) J'ai décrit pour la première fois la génération dioïque du *Phylloxera vastatrix* dans ma
Note *Sur le Phylloxera ailé et sa progéniture* (*Comptes rendus*, 31 août 1874); voir aussi *Les
Phylloxeras sexués et l'œuf d'hiver* (*Comptes rendus*, 4 octobre 1875).

0^{mm},26 à 0^{mm},28 de long sur 0^{mm},12 à 0^{mm},14 de large; pour la femelle, 0^{mm},45 à 0^{mm},50 de long sur 0^{mm},20 à 0^{mm},22 de large; celle-ci est donc un peu moins de moitié plus grande que le mâle. Les deux sexes diffèrent encore : 1° par la coloration, qui est jaune vif, quelquefois plus ou moins brunâtre ou rougeâtre, chez le mâle; jaune clair chez la femelle; 2° par la forme des poils des quatre rangées du dos et des deux rangées latérales, poils courts, raides et cylindriques chez le mâle, souples, déliés et effilés au bout chez la femelle; 3° par la forme des antennes, dont l'article terminal est plus aminci à la base et comme pédonculé chez la femelle (voir *Pl. III, fig.* 7 et 8, et l'explication de ces figures). Dans les deux sexes, les pattes sont courtes et robustes, teintées en noirâtre, ainsi que les antennes, d'où un contraste de ces appendices avec la couleur plus claire du corps, qu'on n'observe pas dans les autres formes du Phylloxera, où les antennes et les pattes participent à la teinte jaune générale de l'insecte.

Presque aussitôt après l'éclosion, qui présente des particularités intéressantes dont il sera parlé dans l'explication des *fig.* 1, 2 et 3, *Pl. IX*, les individus des deux sexes se recherchent pour l'accouplement. Cet accouplement a lieu à la surface des feuilles de la vigne ou sous les lamelles exfoliées de l'écorce du cep, c'est-à-dire dans les lieux mêmes où sont déposés les œufs des femelles ailées qui donnent issue aux sexués. Les mâles, comme tous ceux des Aphidiens, sont très ardents pour le rapprochement sexuel, et un seul peut suffire, dans un court intervalle, à plusieurs femelles, ce qui compense, dans une certaine mesure, le désavantage résultant de l'infériorité du nombre des individus mâles; néanmoins un grand nombre de femelles, surtout parmi celles qui éclosent tardivement, restent sans s'accoupler, ne pondent point ou mettent au monde un œuf stérile, qui ne tarde pas à se détruire.

Au moment de l'accouplement, l'œuf n'a encore que la moitié environ (0^{mm},12 à 0^{mm},15) de sa taille définitive (0^{mm},27 à 0^{mm},30). L'accroissement qu'il subit jusqu'à la ponte a lieu tout entier — la femelle ne prenant aucun aliment extérieur — aux dépens de la provision de jaune que renferme son corps, d'où cette conséquence curieuse que le vitellus de l'œuf, d'où est issue la mère, sert aussi bien à nourrir celle-ci qu'à former le vitellus de son propre œuf, et se partage ainsi entre la mère et son produit.

Les spermatozoïdes transmis à la femelle par le mâle pendant l'accouplement ne sont pas emmagasinés dans le réceptacle séminal de celle-ci, comme chez les autres insectes, mais dans l'oviducte; ce réservoir, chez la femelle dioïque, reste par conséquent toujours vide, comme chez les femelles agames, mais pour un motif bien différent, savoir : son exiguïté et surtout l'étroitesse de son canal d'entrée, qui ne permettrait pas au pénis du mâle d'y pénétrer, comme nous l'avons déjà expliqué chez le Phylloxera du chêne (*Pl. VIII, fig.* 4 et 6; *Pl. IX, fig.* 4e, 4e', 5e, 6e).

Après la fécondation, toutes les femelles, qui, jusque-là, s'étaient tenues sur les feuilles, abandonnent celles-ci et descendent sur les parties ligneuses du cep; elles s'introduisent sous l'écorce soulevée du bois de deux ans et de la souche, et pondent leur œuf unique par de violentes contractions du corps, qui épuisent la mère au point qu'elle ne tarde pas à périr auprès de son œuf, après l'avoir expulsé (*Pl. X, fig.* 1, 2, 3, 4) ([1]).

L'œuf fécondé demeure dans le lieu où il a été déposé pendant toute la saison froide, garanti des intempéries par l'écorce qui le recouvre, car jamais il n'est pondu à nu, comme font de leurs œufs les Pucerons ovipares ordinaires, qui les déposent à la surface des branches ou du tronc des arbres, ou les collent sur les plantes herbacées basses qui passent l'hiver sans se détruire. Au printemps suivant, en avril généralement, l'œuf éclôt et donne issue à l'insecte que j'ai désigné sous le nom de *Phylloxera printanier* ou de *mère fondatrice* (*Pl. XI, fig.* 1, 2, 3).

Une certaine obscurité règne encore sur ce qu'on peut appeler les premiers pas de cet insecte : se dirige-t-il d'abord vers les feuilles pour y mener quelque temps une vie aérienne avant de s'enfoncer dans le sol, ou descend-il directement dans l'intérieur de celui-ci après son éclosion? C'est ce qu'on ne sait pas encore d'une façon positive. Il paraît avéré toutefois que la nature du cépage n'est pas sans influence sur la direction qu'il prend au sortir de l'œuf. Les galles nombreuses dont se couvrent presque régulièrement au premier printemps certains cépages américains, les *Riparia, Solonis, Clinton* et autres, et dont l'apparition coïncide avec l'époque d'éclosion des œufs d'hiver, attestent que, aussitôt nés, les jeunes insectes se dirigent, sinon tous, du moins en grand nombre, vers les organes aériens de la vigne pour y fonder ces colonies de gallicoles qui s'y succèdent pendant toute la belle saison. Au contraire, l'absence, ou du moins l'extrême rareté des galles sur nos vignes indigènes, prouve que, dédaignant les feuilles de ces cépages, ils vont directement aux racines et ne reviennent à l'air qu'aux périodes de migration. On avait, du reste, constaté expérimentalement, dès les premières observations sur l'œuf d'hiver, la relation qui existe entre

---

([1]) Pour les caractères de l'œuf fécondé et les changements qu'il éprouve après la ponte, voir les figures de la *Pl. X* et leur explication.

son éclosion et les individus des galles. Le 9 avril 1876, à Paris, je fus
le premier témoin de cette éclosion sur des souches qui m'avaient été
envoyées à la fin de l'année précédente par M. Boiteau ([1]). Les œufs re-
cueillis sur ces souches étaient au nombre de vingt, dont l'éclosion eut successivement lieu jusqu'au 15 avril, à raison de une à quatre par jour.
A cette dernière date, les œufs éclos étaient au nombre de treize; les sept
autres, quoique contenant un embryon bien formé, périrent sans donner
issue au jeune qu'ils renfermaient. Dans l'intervalle du 12 au 15 avril, une
demi-douzaine de jeunes avaient été placés dès leur éclosion sur un plant de
Vitis riparia enraciné en pot, les uns sur les bourgeons, les autres sur la
tige. Ils disparurent bientôt à la vue en s'enfonçant dans les bourgeons ou
en s'introduisant sous les parties soulevées de l'écorce, et ne reparurent
plus. Vers le 28, deux des jeunes feuilles d'une même pousse de cette vigne
montrèrent chacune une petite galle à leur face inférieure, l'une de 2^{mm}
environ, l'autre de 1^{mm} seulement. Les deux galles grossirent les jours
suivants, puis restèrent stationnaires. En les ouvrant le 30, je trouvai dans
chacune l'insecte mort avant d'avoir pondu; celui de la grosse galle avait
atteint $0^{mm},63$, et avait à côté de lui plusieurs peaux de mues.

Peu de temps après ces observations, qui ne furent pas publiées, mais que
je communiquai à M. Max. Cornu, qui les mentionne dans son Mémoire ([2]),
M. Boiteau constata en plein champ les pérégrinations des descendants de
l'œuf d'hiver à la surface des ceps et la fondation des colonies gallicoles par
ces insectes, tant sur des vignes américaines que sur des vignes françaises.

Je ne saurais mieux faire que de renvoyer le lecteur aux Communications
que M. Boiteau a faites de ses intéressantes observations dans les *Comptes
rendus de l'Académie des Sciences* ([3]).

J'ai eu, cette année-ci même, l'occasion de faire une observation d'autant
plus probante qu'elle a toute la rigueur d'une expérimentation physiologique, sur la relation existant entre les Phylloxeras des galles et les œufs
d'hiver, et, par suite, avec les individus ailés qui essaiment en automne des
champs phylloxérés. Au domaine de la Paille, près de Montpellier, existe un
champ de *Riparia*, planté depuis plusieurs années, et dont les feuilles se
couvraient chaque printemps d'énormes quantités de galles, sauf en 1883,

---

([1]) *Comptes rendus*, 10 avril 1876.

([2]) *Études sur le Phylloxera de la vigne*, 1878, p. 42, note 1re. Dans le Chapitre de cet Ouvrage
intitulé : *Origine des premières galles*, M. Cornu a fait l'historique complet de ce point intéressant
des mœurs du Phylloxera, p. 36.

([3]) *Comptes rendus*, 1er et 15 mai, et 5 juin 1876.

où pas une galle n'apparut sur ces vignes. J'avais presque prédit cette absence exceptionnelle des galles après avoir constaté, le précédent hiver, l'extrême rareté des œufs fécondés sur les souches et les sarments. Dans l'hiver de 1884, sur une moitié environ du champ, tous les ceps furent traités par un badigeonnage insecticide complet destiné à tuer les œufs d'hiver qu'ils pouvaient recéler, tandis que l'autre moitié ne reçut aucun traitement. Au printemps de la présente année 1884, toute cette dernière moitié se couvrit de nouveau de galles très nombreuses, presque chaque cep en présentant un certain nombre, tandis que la partie traitée resta absolument indemne de ces excroissances. En dehors de sa portée pratique, que je ferai ressortir dans une autre occasion, cette expérience en grand présente plusieurs conséquences intéressantes pour les mœurs et l'évolution du Phylloxera. Elle prouve d'abord que les galles actuelles ne se rattachent pas à des galles antérieures, puisque celles-ci manquaient l'année précédente : elles ne peuvent donc être attribuées qu'aux ailés qui sont venus s'abattre sur ces vignes pour y déposer leurs œufs sexués. Elle démontre ensuite que les œufs d'hiver sont exclusivement pondus sur le bois des ceps et que le sol n'en recèle point, contrairement à ce qu'ont prétendu quelques auteurs, car, s'il en était ainsi, le badigeonnage des ceps n'aurait pas aussi complètement arrêté la production des galles qu'on l'a remarqué dans l'expérience précédente.

Quelques personnes, voire même des entomologistes, se sont sérieusement demandé si les œufs d'hiver étaient pondus aussi bien sur les vignes indigènes que sur les vignes américaines, oubliant que ces œufs ont été trouvés sur les unes et les autres et qu'il n'y a d'ailleurs aucune raison de supposer que le Phylloxera ailé se comporte autrement sur les vignes de notre pays que sur celles du nouveau continent.

Toute vigne contaminée à distance l'est par un ou plusieurs œufs d'hiver, toujours cachés dans des retraites fournies par la plante elle-même, et non dans le sol ou sur les objets du voisinage; c'est exactement ce qui a lieu aussi pour les œufs d'hiver du Phylloxera du chêne.

Nous avons vu plus haut qu'on n'avait pas encore constaté jusqu'ici de sexués issus des individus gallicoles. J'ai montré qu'il en était autrement des larves radicicoles, qui, dans certaines circonstances encore rarement observées, mettent au monde, comme les ailés, des œufs sexués (¹). On n'a encore vu que les œufs femelles et les femelles elles-mêmes de cette géné-

---

(¹) *Comptes rendus*, 2 novembre 1874.

ration dioïque hypogée. Celles-ci sont identiques, sous tous les rapports, aux femelles sexuées engendrées par les ailés : même rabougrissement de la taille, même atrophie des organes digestifs, enfin même réduction des organes génitaux à une simple gaine contenant un œuf unique. Ces femelles, observées par moi à Montpellier en 1874, et qui n'ont été retrouvées depuis nulle part ailleurs, ont vécu trois ou quatre jours et sont mortes sans pondre. Elles étaient intéressantes par les fréquentes atrophies d'organes qu'elles présentaient, et qui, en s'ajoutant aux arrêts de développement naturels qui caractérisent les individus de cette génération, portaient au plus haut point leur rabougrissement : c'étaient tantôt l'une des antennes qui manquait, d'autres fois un ou plusieurs articles des pattes; chez quelques-uns enfin, l'appareil génital, quoique bien réduit déjà naturellement, présentait un avortement que l'on trouvera figuré à la *Pl. X, fig.* 10, et décrit dans l'explication de cette figure.

EXPLICATION DES FIGURES RELATIVES AU PHYLLOXERA DE LA VIGNE.

PLANCHE VI.

Fig. 1. — L'un des deux ovaires d'une jeune femelle agame (pondeuse ordinaire des galles) prise sur une feuille de vigne américaine (en juillet). L'ovaire est composé de dix à douze gaines ovifères plus ou moins développées, les plus jeunes à une seule loge, les plus âgées à deux loges surmontées de la chambre germinative *a, a, a, a.* On aperçoit sur les trompes *b* de petites gaines ovariques bourgeonnant à leur surface. Ces petits bourgeons, qui sont très nombreux, ne sont pas destinés à devenir des tubes ovariques complets, mais disparaissent par avortement avant l'âge adulte. Ils se composent, comme on le voit sur la figure plus grossie 1ᵃ d'un de ces bourgeons, d'une petite chambre germinative portée sur un court pédoncule qui représente la gaine proprement dite. La chambre germinative est formée elle-même d'une paroi de petites cellules aplaties et d'une cellule centrale avec un ou deux noyaux. Le protoplasma clair de cette cellule ne tarde pas à se remplir de gouttelettes graisseuses, dont on voit déjà quelques-unes sur la figure, et la petite gaine disparaît par métamorphose régressive.

Chez les femelles gallicoles arrivées à leur troisième ou quatrième génération en juillet, les tubes ovariques sont encore assez nombreux, comme on peut s'en convaincre par la figure; mais il y en a déjà beaucoup moins que chez la mère fondatrice issue en avril de l'œuf fécondé, où il n'est pas rare de trouver de quarante à cinquante tubes ovifères et davantage. Ces tubes supplémentaires sont précisé-

(32)

ment ceux qui, dans les femelles des générations suivantes, forment les petites gaines abortives de la partie postérieure des trompes; *c*, oviducte formé par la confluence des deux trompes; on voit le canal central et la tunique contractile composée d'une couche épaisse de fibres musculaires transversales striées.

Fig. 1ᵃ. — Petites gaines abortives de l'ovaire précédent, traitées par l'acide acétique. Voyez l'explication de la *fig.* 1.

Fig. 2. — L'un des ovaires d'une grosse pondeuse prise dans une galle volumineuse, où elle était entourée d'œufs nombreux (fin juillet).

L'ovaire était primitivement composé d'une vingtaine de tubes, dont la moitié environ sont encore en activité, tandis que les autres, ayant cessé de produire des ovules, sont rapetissés et transformés en des espèces de *corps jaunes b, b*. Ils sont remplis de globules réfringents résultant de la transformation graisseuse des éléments de la chambre germinative et des cellules épithéliales de l'ovaire. La gaine la plus développée contient un œuf mûr près d'être pondu, à vitellus jaune verdâtre, et un ovule beaucoup plus petit, placé dans une petite loge au-dessous de la chambre germinative *a*; *c*, oviducte montrant son canal intérieur et sa tunique contractile striée.

Fig. 3. — Les deux ovaires d'une pondeuse prise dans une galle qui s'était développée sur une feuille de vigne indigène (V. *vinifera*). Cette pondeuse avait été extraite encore fort jeune d'une galle de vigne américaine, et déposée, le 7 juillet, sur la vigne française, où elle ne tarda pas à former une petite galle. Celle-ci grossit médiocrement et fut ouverte le 28 du même mois; on trouva dans son intérieur la femelle atteignant à peine 0ᵐ,001, avec six œufs contenant chacun un jeune plus ou moins formé.

L'ovaire droit se compose de trois tubes peu développés *a*, *a*, *a*; à l'ovaire gauche il y avait aussi originairement trois tubes, mais deux d'entre eux, *b*, *b*, ont cessé de fonctionner et se sont transformés en *corps jaunes*, tandis que le troisième contient encore un gros œuf surmonté d'un œuf beaucoup plus petit, sorti depuis peu de la chambre germinative *a*.

Une seconde galle de la même vigne, formée dans les mêmes circonstances que la première, renfermait, à la même date du 28 juillet, une petite larve qui avait pondu trois œufs. L'ovaire se composait en tout de neuf gaines uniloculaires, six d'un côté et trois de l'autre. Les trompes étaient couvertes de petits bourgeons de chambres germinatives, qui leur donnaient un aspect verruqueux, semblable aux trompes *b*, *b* de la *fig.* 1.

Enfin, une troisième galle (*fig.* 5), développée dans les mêmes conditions que les deux premières, contenait une jeune larve qui n'avait pas encore pondu, et dont toutes les gaines, au nombre de vingt au moins à chaque ovaire, se trouvaient dans un état encore très rudimentaire, n'étant composées que d'une petite chambre germinative piriforme *a*, fixée par un court pédoncule sur la trompe correspondante, et ne contenant qu'un agrégat de petites cellules rondes et égales entre elles (voir *fig.* 5ᵃ une de ces chambres germinatives, traitée par l'acide acétique).

Ces trois exemples, fournis par des insectes ayant une origine identique et qui se sont développés sous les mêmes influences défavorables résultant de leur transplantation sur une vigne indigène, montrent la manière variable dont leur appareil reproducteur a été affecté par le régime nouveau auquel ils ont été soumis. Chez l'un, l'ovaire était réduit à six gaines seulement, dont deux ont été promptement mises hors d'usage ; chez le second, il se composait de neuf gaines en fonction et d'un grand nombre de petites gaines abortives ; chez le troisième enfin, l'ovaire n'avait subi aucune réduction quant au nombre de ses gaines, qui étaient aussi nombreuses que chez les larves gallicoles des vignes américaines (*comp.* la *fig.* 5 avec la *fig.* 1 de la planche), mais son développement était resté fort en arrière de celui de la larve, et il n'est pas prouvé que quelques-uns de ses nombreux tubes ovifères n'eussent pas avorté dans la suite. Il en résulte que, dans les trois cas précédents, l'appareil femelle était frappé d'un arrêt de développement qui ne pouvait avoir pour cause qu'une alimentation insuffisante ou peu appropriée.

Un effet analogue sur l'appareil génital se manifeste aussi dans les conditions normales de l'évolution du Phylloxera : 1° dans la métamorphose de la larve en insecte parfait ; ici, c'est une certaine quantité de matériaux nutritifs qui est détournée des organes de la génération pour être employée à la formation d'organes nouveaux, les ailes avec leurs muscles, leurs trachées, etc., les organes des sens plus nombreux et plus parfaits de l'état ailé ; 2° chez les larves, après un certain nombre de reproductions solitaires ; la diminution de l'ovaire est probablement, dans ce cas, en relation avec l'affaiblissement général de l'organisme qu'amène l'exercice répété de ce mode de reproduction. C'est ce que l'on verra clairement dans les figures suivantes.

Fig. 4. — Ensemble de l'appareil femelle d'une larve trouvée sur une racine de vigne, en août, vu du côté dorsal. Il y avait à chaque ovaire trois tubes en voie de développement, contenant chacun un petit ovule au-dessous de la chambre germinative *a, a, a,* et, plus en arrière, sept chambres germinatives fixées directement sur chacune des trompes *b, b.* Comme chez l'insecte ailé on n'observe que six à huit gaines au plus, il s'ensuit que les petites gaines rudimentaires de la nymphe ne sont pas destinées à se développer, et avortent.

Les glandes sébifiques *d, d* sont aussi peu développées chez la nymphe que l'ovaire. Elles naissent sous la forme de deux diverticules de la paroi de l'oviducte *c,* et leur conduit excréteur *d', d',* proviennent de la même manière de la glande. En arrière de celles-ci, est le conduit vaginal *e,* qui ne s'est pas encore différencié de l'oviducte et présente des parois aussi épaisses que ce dernier. Le réceptacle séminal n'a pas été aperçu, probablement en raison de son faible développement.

Fig. 5 et 5*ᵃ*. — *Voir* l'explication de la *fig.* 4.

Fig. 6 à 9. — Série de figures pour montrer la diminution survenue dans le nombre des tubes ovariques chez les dernières larves radicicoles de l'année (octobre et novembre). Cette diminution commence dès la première génération de larves issues de la mère fondatrice, et se continue dans les générations suivantes

5

(34)

jusqu'à la disparition des pondeuses à la fin de l'année. On peut voir par les figures combien est variable le nombre des tubes de chaque ovaire, d'une femelle à l'autre et même d'un côté du corps à l'autre.

Les dispositions (*fig.* 8 et 9) où l'on observe d'un côté une seule gaine ovarique et deux du côté opposé, ou une gaine unique de chaque côté, sont très fréquentes chez les dernières pondeuses de l'année. Cette décroissance de l'appareil femelle n'est pas, comme quelques auteurs l'ont supposé, le résultat de la diminution ou de l'appauvrissement de la nourriture, ni de l'abaissement de la température à la fin de l'année, car, avec la reprise de la végétation et le retour de la chaleur au printemps, le nombre des tubes ovariques ne se relève pas chez les descendants des dernières pondeuses de l'année précédente, et se maintient aux mêmes chiffres bas qu'il présentait chez celles-ci. L'activité seule des pontes augmente sous ces influences et suffit pour donner lieu encore pendant longtemps à une nombreuse population d'insectes (¹).

PLANCHE VII.

Fig. 1. — Vue d'ensemble de l'appareil reproducteur d'une femelle ailée. Aspect par la face dorsale. Chaque ovaire est réduit à une seule gaine *d*, dont l'extrémité postérieure *b* constitue à elle seule la trompe correspondante. C'est la disposition la plus fréquente de l'appareil femelle chez l'ailé ; je l'ai observée sept fois sur dix, à Montpellier, en 1874.

La forme qu'on trouve le plus communément après celle-ci est celle où il y a deux gaines d'un côté, soit à droite, soit à gauche, et une seule du côté opposé (trois fois sur dix). Viennent ensuite, par ordre de fréquence : deux gaines à chaque ovaire ; deux à l'un et trois à l'autre ; trois de part et d'autre ; et enfin trois d'un côté et quatre de l'autre. Je n'ai jamais vu la disposition avec quatre gaines à chaque ovaire. Il en résulte que le nombre maximum des œufs pondus par l'ailé est de sept,

---

(¹) Voir sur cette question la Note de M. Targioni-Tozzetti et ma réponse à cette Note dans les *Comptes rendus* du 15 janvier 1883. — Chez les insectes conservés en tube sur des racines qu'on renouvelle à mesure qu'elles s'épuisent, on observe pareillement cette diminution de l'ovaire chez les larves qui se succèdent sur ces racines. Il faut avoir soin seulement d'enlever les ailés, qui apparaissent chaque année en plus ou moins grande quantité dans ces tubes, afin d'empêcher la régénération, par l'œuf fécondé, de la colonie séquestrée. Il doit d'ailleurs arriver très rarement que des œufs fécondés se produisent dans ces circonstances ; je n'en ai jamais observé pour ma part, et même la ponte des ailés en captivité est un fait peu ordinaire. Malgré des essais répétés, où toutes les précautions étaient prises pour maintenir les insectes dans les meilleures conditions pour leur propagation en tube, je n'ai jamais réussi à les voir dépasser la troisième année, et je considère leur dépérissement et leur disparition comme l'effet naturel du défaut d'accouplement parmi eux. La destruction de la colonie s'annonce par la diminution des tas d'œufs qu'on voit près de chaque pondeuse, la moindre longévité des mères, et la lente croissance des jeunes. Enfin la colonie, de plus en plus réduite, disparaît ordinairement pendant une période d'hibernation par la mort successive des petits hibernants. A l'état de liberté, la durée des colonies soustraites à l'influence des sexués doit être plus longue, quatre ans probablement, comme cela semble résulter d'une observation de M. H. Marès [*Sur la disparition spontanée du Phylloxera* (*Comptes rendus,* 17 septembre 1877)].

car chaque tube ovarique, quoique renfermant deux ovules, n'en mûrit qu'un seul. Les œufs de l'ailé sont de deux grandeurs : les petits sont les œufs mâles, les grands les œufs femelles.

Ces insectes ne pondant que rarement tous leurs œufs dans les tubes où on les enferme, il n'est pas aisé de dire quelle est la proportion d'œufs de chaque sexe que renferme la ponte d'un même individu (¹); cependant on peut assez souvent reconnaître le sexe des œufs en examinant le corps de la mère par transparence.

Le plus ordinairement, celle-ci renfermait deux, trois ou quatre œufs. Quand il n'y en avait que deux, ils étaient presque toujours femelles, et, lorsqu'il y en avait quatre, ils étaient généralement tous mâles; mais j'ai trouvé parfois aussi dans une même mère deux gros œufs femelles et deux petits œufs mâles.

A l'état de liberté, l'ailé pond, comme on sait, ses œufs à la face inférieure des feuilles de la vigne, en les disposant dans l'angle ou le long des nervures qui partent du pétiole, ou bien en les enfouissant dans le duvet qui tapisse cette face inférieure dans quelques cépages. Les œufs sont pondus isolément ou par petits groupes de deux à quatre œufs. Dans un de ces groupes, composé de quatre œufs, et auprès duquel se trouvait le cadavre d'une femelle, probablement la pondeuse, j'ai reconnu deux œufs mâles et deux œufs femelles, comme chez l'individu examiné par transparence, à l'état vivant, dont il a été question plus haut.

Les organes accessoires femelles, c'est-à-dire le réceptacle séminal et les glandes sébifiques, ne sont pas moins bien développés chez la mère ailée que chez l'aptère; ils sont seulement de proportions un peu plus petites que chez cette dernière, pour pouvoir se loger dans l'abdomen plus étroit de l'ailé. La reproduction ayant lieu sans accouplement, on ne trouve, pas plus que chez les agames aptères, de spermatozoïdes dans le réceptacle séminal de l'ailé, et cet organe ne s'y rencontre par conséquent aussi qu'en vertu de la loi de l'unité de composition de l'appareil de reproduction chez toutes les formes femelles du Phylloxera (²).

Fig. 2. — Les deux ovaires d'une femelle ailée, composés chacun de deux gaines. A gauche, les deux gaines renferment chacune un petit œuf, ou œuf mâle, tandis qu'à droite elles contiennent chacune un gros œuf, ou œuf femelle, arrivé à toute sa maturité; *b, b, b, b,* extrémités postérieures des gaines, par lesquelles elles se réunissent deux à deux de chaque côté pour former la trompe cor-

---

(¹) Pendant mon séjour à Montpellier, du printemps à l'automne de 1874, j'ai eu l'occasion de recueillir des centaines de Phylloxeras ailés, que je mettais en tube dans l'espoir d'en obtenir des œufs; c'est à peine si j'ai recueilli vingt œufs sur toute cette quantité. L'éclosion de ces œufs en tube est encore plus rare que leur ponte. A cet égard, il y a une grande différence entre le Phylloxera ailé de la vigne et le Phylloxera ailé du chêne, dont il est toujours facile d'obtenir en captivité des pontes et des éclosions de sexués. Voir à ce sujet mes *Observations sur la reproduction du Phylloxera* (*Comptes rendus*, 14 décembre 1874).

(²) On sait qu'il en est autrement chez les Pucerons ordinaires, où le réceptacle séminal manque aux femelles vivipares ou agames, et n'existe que chez les femelles ovipares, qui se reproduisent par accouplement.

respondante, et les deux trompes se réunissent de même entre elles pour constituer l'oviducte commun *c*.

Fig. 3. — Organes accessoires femelles d'une pondeuse aptère radicicole, vus de profil. Ces organes sont placés à la face dorsale de l'oviducte dont la face ventrale est indiquée par la lettre *a*. L'oviducte est divisé en deux portions, l'une antérieure ou oviducte proprement dit *a*, *e*, l'autre postérieure ou vaginale *e*, *b*, délimitées l'une de l'autre par l'insertion *e* des glandes sébifiques. La portion vaginale s'ouvre au dehors par la vulve *b*; *c*, glande sébifique droite avec son réservoir dilaté en une poche *d*, remplie par le produit de sécrétion. Ce réservoir se prolonge transversalement en un col ou conduit excréteur *e*, placé dans la paroi de l'oviducte, où il s'ouvre par une fente intérieure occupant toute sa longueur. Le conduit est revêtu intérieurement d'une tunique cuticulaire en continuité avec la cuticule du vagin et de l'oviducte, et présentant un grand nombre de petits plis longitudinaux; au-dessous de lui, la cuticule vaginale forme également de nombreux plis qui se prolongent plus ou moins loin en arrière; *f*, réceptacle séminal avec son conduit excréteur *g*, situé du côté dorsal de l'oviducte et s'ouvrant dans la portion vaginale par un col effilé; *h*, position de l'anus sur le dernier segment abdominal.

Fig. 4. — Les mêmes organes vus par la face dorsale. Les lettres ont la même signification que dans la figure précédente.

Fig. 5.— Extrémité postérieure du corps d'une grosse larve des racines qui avait macéré dans une solution de potasse caustique. Cette préparation est destinée à bien montrer la disposition de la tunique intime ou cuticulaire formant le revêtement intérieur de l'oviducte et des organes accessoires femelles. Toutes les parties molles ont été dissoutes par la potasse et il ne reste que la membrane interne chitineuse qui a résisté à l'action de ce réactif. Dans l'oviducte, la cuticule forme un grand nombre de plis longitudinaux et parallèles fins, qui se continuent jusqu'à la partie postérieure *a* de ce conduit. Dans le vagin *b*, elle forme aussi de nombreux plis qui ressemblent à une striation fine et s'infléchissent en dehors tout autour de l'ouverture vulvaire, au pourtour de laquelle la cuticule se continue avec le tégument extérieur de cette région; *c*, vulve dont les lèvres sont un peu écartées au point indiqué par la lettre; *d*, anus; *e*, *e*, masses de substance sébifique qui étaient contenues dans le réservoir de la glande et ont résisté à l'action de la potasse; *f*, plis longitudinaux fins et serrés formés par la cuticule à l'intérieur des conduits excréteurs des glandes sébifiques.

On voit par la disposition de ces plis que les conduits excréteurs se confondent d'un côté à l'autre en un canal, ou plutôt une gouttière commune placée dans la paroi dorsale de l'oviducte, et dont les deux bords ont été écartés par la pression qu'a subie la préparation; *g*, cuticule de l'intérieur du conduit excréteur du réceptacle séminal, dont tout le reste a été dissous par la potasse.

Fig. 6. — Glande sébifique d'une femelle gallicole, aplatie par compression et traitée successivement par une solution faible de soude et l'acide acétique dilué. En pâlissant les cellules glandulaires *a*, la soude a rendu évidentes les ramifications du conduit excréteur à l'intérieur de la glande, indiquées par la matière qui les remplit comme une injection naturelle. Les extrémités les plus fines forment par leurs anastomoses un réseau qui entoure les cellules glandulaires et dont la disposition rappelle celle des capillaires biliaires dans le foie des mammifères; *b*, tronc principal des conduits excréteurs, dans lequel la matière sébifique s'est divisée en petits fragments; *c*, réservoir de la glande remplie de la même matière formant une masse homogène compacte.

Fig. 7. — Portion considérablement grossie de la glande représentée dans la figure précédente (n° 10 à immersion de Vérick); *a, a, a, a,* cellules glandulaires pâles, finement granuleuses, dont les noyaux ont été rendus visibles par l'acide acétique; *b, b, b,* réseau formé autour de ces cellules par les ramifications terminales du conduit excréteur; *c,* ramification secondaire du système excréteur se détachant d'un point du réseau; dans son intérieur, ainsi que dans les canalicules du réseau, la substance sébifique est divisée en petits fragments assez réguliers, séparés les uns des autres par des espaces clairs et constituant une injection naturelle qui rend les canalicules bien visibles. Il m'a semblé apercevoir dans l'intérieur même des cellules glandulaires, ou à leur surface, un réticulum d'une excessive finesse, en connexion avec le réseau intercellulaire, et qui constituerait les radicules originelles du système excréteur de la glande.

PLANCHE VIII.

Toutes les figures de cette Planche ont été dessinées au même grossissement de 110 diamètres, sauf les *fig.* 7 et 8, qui sont grossies environ 380 fois.

Fig. 1. — Mâle de la génération dioïque issue de la femelle agame ailée, vu par la face dorsale.

Fig. 2. — Le même, vu par la face ventrale.

Fig. 3. — Femelle de la même génération, quelques instants après avoir pris ses mouvements au sortir de la période d'immobilité qui suit l'éclosion. Presque tout le corps est encore rempli de cellules vitellines jaunes qui le rendent opaque.

Fig. 4. — Même femelle, vingt-quatre heures après l'éclosion; les granulations vitellines sont en grande partie résorbées, et le corps, devenu transparent, laisse apercevoir la plupart des organes intérieurs, notamment ceux de la reproduction qui sont les seuls qui aient été représentés (*voir*, pour la description détaillée de ces organes, la *fig.* 6, *Pl. V*).

Fig. 5. — Femelle plus âgée que celle de la *fig.* 4, éclose depuis trois jours, mais non encore arrivée à sa maturité sexuelle complète. Elle est représentée par la face ventrale. On voit par transparence dans son intérieur l'ovaire formé par une seule gaine uniloculaire et renfermant l'œuf fécondable un peu plus gros qu'au moment de l'éclosion. La gaine présente encore à sa partie antérieure la chambre germinative, placée au niveau de la deuxième paire de pattes, et à son extrémité opposée on voit, à droite et à gauche, les deux glandes sébifiques qui débouchent dans la partie postérieure de l'oviducte. Le réceptacle séminal, situé du côté dorsal du corps, n'est pas visible ici par la face ventrale (*comp.* les *fig.* 4 et 6 montrant la femelle par la face dorsale).

Fig. 6. — Femelle arrivée à son développement complet, vue par la face dorsale. On voit par transparence son gros œuf mûr et près d'être pondu. Il occupe une grande partie de la cavité du corps, où il n'est pas libre, mais renfermé dans la gaine ovarique, dont les parois, devenues minces et transparentes, ne sont pas visibles dans la figure. La chambre germinative a disparu par résorption sans laisser de trace. Dans la partie postérieure du corps, on aperçoit, comme dans les deux figures précédentes, les organes accessoires femelles, dont les rapports avec l'oviducte n'ont pas été indiqués ici, ce conduit n'étant pas visible par transparence comme le reste de l'appareil femelle.

Fig. 7. — Antenne gauche du mâle.

Fig. 8. — Antenne droite de la femelle.

Les antennes présentent, dans les deux sexes, une conformation un peu différente, qu'on observe surtout dans son article terminal, qui est un peu plus long et plus élancé chez la femelle que chez le mâle, et s'y amincit aussi davantage à sa partie postérieure, ce qui le fait paraître comme pédonculé. Nous avons noté des différences analogues entre les antennes du mâle et de la femelle chez le Phylloxera du chêne, où elles sont même plus prononcées que chez le Phylloxera de la vigne (*voir* les *fig.* 7 et 8, *Pl. III*).

Vers sa partie antérieure et externe, l'antenne présente, dans les deux sexes, la fossette olfactive, semblable à celle des jeunes larves ordinaires, et se termine par quelques poils courts qui jouent peut-être aussi un rôle dans l'olfaction. Il n'est pas rare, chez les individus de l'un et l'autre sexe, que l'antenne avorte d'un côté et se trouve réduite à son article basilaire surmonté d'un petit tubercule mousse qui représente le deuxième article incomplètement développé.

PLANCHE IX.

Fig. 1. — Femelle de la génération dioïque en train d'éclore, vue par la face ventrale et grossie 110 fois.

Fig. 2. — La même, vue par la face dorsale.

L'embryon s'est dépouillé en grande partie de l'enveloppe de l'œuf, qui s'est affaissée à l'extrémité postérieure de son corps comme une membrane chiffonnée. Il demeure ainsi, dans une sorte de léthargie, gardant la position qu'il avait dans l'œuf, les appendices reployés contre le corps, pendant plusieurs heures, quelquefois un jour entier, avant de commencer à remuer. Dans les tubes, cette position se prolonge même quelquefois au delà, et souvent l'embryon meurt sans être sorti de son immobilité. On hâte parfois le moment où il devient agile en l'excitant par quelques attouchements légers, ou en l'exposant aux rayons directs du soleil. Une fois qu'il a commencé à remuer, il devient rapidement très actif et court de tous côtés cherchant à s'accoupler.

(39)

Fig. 3. — Mâle éclosant sur une feuille de vigne; il se trouve dans la même attitude que la femelle de la figure précédente, la membrane chiffonnée de l'œuf repoussée vers sa partie postérieure. Aussitôt sorti de la période d'immobilité qui précède son réveil définitif, il cherche à s'accoupler. Même grossissement de 110 fois que les figures précédentes.

Fig. 4. — Appareil reproducteur complet d'une femelle à la période de repos qui suit l'éclosion, vu par la face dorsale. L'ovaire tout entier n'est représenté que par une seule gaine ovifère, composée de la chambre germinative *a*, de la loge qui contient l'œuf unique *b*, et de l'oviducte *c*, qui se confond ici avec la partie postérieure de la gaine. Les dimensions de l'œuf sont, à ce moment, de 0^{mm},12 de long sur 0^{mm},05 de large. Il montre à son centre la vésicule germinative, et se prolonge antérieurement jusque dans la chambre germinative par un pédicule dont le point d'attache à l'œuf devient plus tard le micropyle. L'oviducte présente, dans toute son étendue, une couche de fibres musculaires transversales striées et se continue à la partie postérieure par le vagin *d*. Le réceptacle séminal se compose, comme chez les femelles agames, d'un réservoir vésiculeux *e*, et d'un canal fécondateur *e'*. Celui-ci est dilaté dans sa partie moyenne, et se prolonge postérieurement en un col grêle qui débouche dans le vagin en perçant sa paroi dorsale *d*. Malgré l'accouplement avec le mâle, le réceptacle séminal reste toujours vide par suite de l'étroitesse du canal fécondateur, et les spermatozoïdes sont déposés dans l'oviducte, comme chez le Phylloxera du chêne (*voir* la *fig*. 6, *Pl. V*); *f*, *f'* les deux glandes sébifiques avec leur réservoir *g*, *g'*, contenant la matière qui enduit l'œuf au moment de la ponte.

Fig. 5. — Partie postérieure du corps d'une femelle avec l'œuf unique arrivé à maturité, fortement grossie; *a*, chambre qui renferme l'œuf; elle est formée par la loge ovifère primitive confondue avec l'oviducte très dilaté par le développement de l'œuf; *a'*, extrémité antérieure de la chambre ovifère allongée en un filament, après qu'elle a perdu ses connexions avec la chambre germinative, disparue par résorption; *b*, vagin dont la paroi très amincie est finement plissée; *c*, lèvre inférieure de la vulve formée par l'arceau ventral de l'avant-dernier segment; *d*, position de l'anus entre les deux arceaux du dernier segment de l'abdomen; *e*, réceptacle séminal dont le réservoir terminal ne s'est pas développé chez cette femelle, ainsi que cela a lieu quelquefois; *f*, *f*, glandes sébifiques; *g*, *g*, leur réservoir avec la matière agglutinative intérieure.

Fig. 6. — Partie postérieure de l'appareil femelle, isolée par dilacération de l'insecte à l'aide des aiguilles; elle se présente par la face dorsale et un peu de côté; les organes sont un peu dérangés de leur situation respective par les manœuvres de la préparation: *a*, partie postérieure de l'oviducte avec sa tunique de fibres musculaires transversales striées; *b*, vagin avec les plis nombreux de sa cuticule interne; *c*, réceptacle séminal; *d*, canal fécondateur débouchant en *e* dans le vagin; *f*, *f*, glandes sébifiques; *g*, *g*, leur réservoir contenant la matière agglutinative de l'œuf.

Fig. 7. — Partie postérieure d'un individu mâle, vue par la face ventrale; *a*, *a*, les deux capsules testiculaires remplies de filaments spermatiques mûrs; *b, b*, les deux glandes accessoires placées au-dessous des testicules; *c*, canal éjaculateur constitué par une poche membraneuse plissée dans laquelle s'ouvrent en avant les testicules, en arrière les glandes accessoires; *d*, prolongement de l'avant-dernier segment de l'abdomen, qui forme un étui bivalve par lequel passe le canal éjaculateur lorsqu'il se renverse en dehors et fonctionne comme un pénis pendant l'accouplement ([1]).

Fig. 8. — Gros œuf pondu de la femelle ailée, qui donne naissance à la femelle de la génération dioïque.

Fig. 9. — Petit œuf pondu de la même femelle, qui produit le mâle de cette génération.

Fig. 10. — Œuf pondu de la femelle aptère des racines, mis à côté des précédents pour montrer leurs différences de forme et de structure.

Ces trois œufs sont représentés au même grossissement de 110 diamètres. L'œuf mâle et l'œuf femelle de l'ailé présentent une différence de taille très sensible, en rapport avec la grandeur des insectes qui en proviennent. Les dimensions de l'œuf femelle sont, en moyenne, de 0^{mm},40 de long sur 0^{mm},20 de large; celles de l'œuf mâle, de 0^{mm},30 de long sur 0^{mm},15 de large. Cette dernière taille est aussi celle des œufs des pondeuses radicicoles et gallicoles. La différence la plus importante que ceux-ci présentent avec les œufs de l'ailé consiste dans les lignes en relief figurant un réseau à mailles hexagonales que présente la surface de ces derniers, tandis que la surface est entièrement lisse et unie chez les premiers. Ce réseau, qui existe sur les œufs d'un grand nombre d'insectes, et que nous avons rencontré aussi sur ceux de l'ailé du *Phylloxera quercus*, est formé par les empreintes des cellules épithéliales de l'ovaire à la surface du chorion. Il n'est pas toujours aussi net et aussi complet que sur les deux œufs figurés ici, et peut même manquer tout à fait. On l'observe aussi sur l'œuf fécondé (*Pl. I. fig.* 5), et quelquefois sur les œufs des gallicoles, mais il n'y en a aucune trace, comme nous l'avons dit, sur les œufs des radicicoles, ce qui est dû sans doute à la fermeté plus grande de leur chorion. Un autre caractère de l'œuf sexué, qui empêche de le confondre avec les œufs des radicicoles, est son aspect pâle, blanc jaunâtre, presque translucide, le reflet brillant de sa surface; l'œuf des radicicoles est, au contraire, jaune vif, sans éclat et complétement opaque. Avec les progrès du développement, la coloration change chez l'un et l'autre : elle devient jaune plus ou moins brun ou rougeâtre dans l'œuf sexué, bistrée dans l'œuf agame des racines ([2]).

([1]) Je n'ai pas aperçu chez le *Phylloxera vastatrix* les petites épines chitineuses qui garnissent en dedans le canal éjaculateur et forment un appareil rétenteur chez le *Phylloxera quercus* (comp. la *fig.* 3, *Pl. III*).

([2]) On ne confondra peut-être jamais un œuf de radicicole avec un œuf d'ailé, à cause des conditions si différentes du lieu de leur ponte, mais la confusion devient possible dans les circonstances rares où les aptères radicicoles mettent eux-mêmes au monde des œufs sexués, comme je l'ai indiqué dans les généralités sur le Phylloxera de la vigne. Mais il sera toujours facile avec un peu d'attention d'éviter de confondre les deux sortes d'œufs d'après les caractères indiqués plus haut.

PLANCHE X.

Fig. 1. — Femelle dioïque morte en pondant l'œuf fécondé ou œuf d'hiver, grossie
110 fois.

Fig. 2. — Lamelle d'écorce de vigne sur laquelle se voit un œuf d'hiver et, à une
petite distance, la mère morte et desséchée (fin mars et avril).

Fig. 3 et 4. — Lamelles d'écorce avec un œuf d'hiver auprès duquel se trouve le
cadavre ratatiné de la mère (en septembre).

Fig. 5. — Œuf d'hiver tel qu'il se présente ordinairement quelques jours après
la ponte, en août et septembre, sous un grossissement de 110 fois.

Fig. 6. — Œuf d'hiver arrivé à la fin de son développement en fin mars et avril,
dessiné au même grossissement que celui de la *fig.* 1. Il contient un embryon bien
développé dont on voit par transparence, à travers l'enveloppe, les yeux sous forme
de deux taches rouges à l'une des extrémités de l'œuf. A cette extrémité, on aperçoit aussi, comme une ligne longitudinale noire, l'organe en forme de crête denticulée de l'embryon qui lui sert à fendre la membrane de l'œuf au moment de l'éclosion. A cette période de son développement, qui touche de très près à l'éclosion,
l'œuf est devenu plus long et plus gros qu'il n'était aux stades antérieurs : il mesure
$0^{mm},37$ en longueur et $0^{mm},16$ en largeur, au lieu de $0^{mm},27$ à $0^{mm},30$ de long et $0^{mm},10$
à $0^{mm},12$ de large qu'il avait précédemment. Voici, du reste, la description succincte
des principaux caractères de l'œuf d'hiver et des changements qu'il subit depuis
l'instant de la ponte : L'œuf d'hiver a une forme plus cylindrique et plus élancée
que les autres œufs du Phylloxera. Il se distingue encore de ceux-ci par l'appendice en forme de crochet de son pôle postérieur, appendice que nous avons
vu exister aussi dans l'œuf d'hiver du Phylloxera du chêne (comp. *Pl. V, fig.* 17
et 19) et qui sert à le fixer solidement au moment de la ponte (¹). A partir
de cette époque jusqu'à l'éclosion, l'œuf d'hiver présente, dans son aspect
et sa coloration, une succession de phases dont la connaissance importe pour
pouvoir le reconnaître aux différentes époques de son développement. A l'instant
de la ponte, il est d'un jaune assez vif, sa surface est lisse et brillante. Le
lendemain, il a pris une coloration sucre d'orge, et c'est aussi à ce moment
que le dessin en relief de sa surface commence à devenir bien visible. Vingt-
quatre heures environ encore plus tard, sa teinte s'assombrit au pôle antérieur
(opposé à celui qui porte l'appendice en crochet) et prend une nuance bronzée,

___

(¹) L'enduit que l'œuf reçoit pendant son trajet à travers l'oviducte, et qui est formé par la
matière sécrétée dans les glandes sébifiques, paraît plutôt destiné à lui fournir un revêtement im-
perméable à l'humidité qu'à le fixer contre la surface où il est déposé. Voir, sur la nature et les
usages de cette matière chez les Pucerons ovipares, mon *Mémoire sur la génération des Aphides*
(*Annales des Sciences naturelles*, 5ᵉ série, t. XIV, art. 1ᵉʳ, p. 31 ; 1870).

6

qui s'étend graduellement jusqu'au pôle postérieur. En même temps, de petites taches plus foncées, arrondies, rapprochées l'une de l'autre, apparaissent sur le fond sombre et s'étendent avec celui-ci sur toute la surface de l'œuf. Ce dernier ressemble alors assez bien à une petite olive à peau ridée, parsemée de taches noirâtres (*fig.* 5) (¹). C'est sous cet état qu'on le rencontre durant l'hiver sous les lamelles d'écorce, et très souvent on aperçoit à côté de lui le corps ratatiné et plus ou moins défiguré de la mère (*fig.* 3 et 4). Enfin, lorsque le moment de l'éclosion approche, à la fin de mars ou au commencement d'avril, l'aspect de l'œuf s'est encore modifié (*fig.* 2 et 6); il a pris une teinte plus claire, roussâtre ou brunâtre, et montre encore les taches obscures des stades antérieurs, mais plus larges, plus espacées et plus irrégulières, souvent étoilées. La surface a conservé son reflet brillant, mais on n'y aperçoit plus la réticulation en relief, la membrane est lisse et tendue. Enfin, comme nous l'avons déjà dit, le volume de l'œuf a augmenté d'une manière sensible par suite de la distension de l'enveloppe sous l'influence de l'embryon qui grandit dans son intérieur. A travers l'enveloppe, on voit les yeux de l'embryon sous forme de deux taches rouges au pôle antérieur, et à ce même pôle on aperçoit la ligne courbe, noire, de l'organe provisoire de l'embryon qui lui sert à fendre la membrane pour éclore (*fig.* 6). L'éclosion se fait comme chez les autres formes du Phylloxera; nous renvoyons à la description exacte que M. Cornu en a donnée chez la larve radicicole (²).

Fig. 7. — Œuf fécondé, avant le début du développement embryonnaire, représenté en coupe optique. On voit des parties plus détaillées du même œuf aux *fig.* 7 *a* et 7 *b*. Toutes les figures sont fortement grossies; *a*, chorion ou enveloppe extérieure de l'œuf; on en voit une portion beaucoup plus grossie dans la *fig.* 7 *b*. Dans cette dernière, *a* indique la tranche ou l'épaisseur du chorion; on voit les petits canaux qui la traversent et dont les orifices à la surface du chorion sont vus en *b*. Chaque orifice apparaît comme un point noir entouré d'une aréole claire, large de 0ᵐᵐ,002 à 0ᵐᵐ,003. Leur ensemble fait paraître le chorion comme criblé de petits trous très serrés, non disposés en rangées régulières. Ces petits canaux manquent aux autres œufs du Phylloxera. Le chorion est mince, épais à peine de 0ᵐᵐ,001 à 0ᵐᵐ,002, néanmoins assez résistant. Il est incolore et transparent dans l'œuf récemment pondu, mais prend plus tard une teinte sombre violacée, sans perdre sa transparence. C'est le mélange de cette teinte avec la coloration jaune du vitellus sous-jacent qui donne à l'œuf la couleur olive qu'il présente dans les jours qui suivent la ponte (*voir* l'explication des *fig.* 5 et 6). Le chorion offre au pôle antérieur le micropyle, petite ouverture étroite au centre d'un petit épais-

---

(¹) Pour ne pas surcharger le dessin, ces taches n'ont pas été représentées dans les *fig.* 3 et 4 de la *Pl. X*.

(²) *Études sur le* Phylloxera vastatrix, p. 194; 1878. — L'éclosion de l'œuf d'hiver a été observée par M. Boiteau, qui l'a décrite d'une manière assez exacte, ainsi que les changements de volume et de coloration que cet œuf éprouve dans la dernière période de son développement (*Éclosion de l'œuf d'hiver du Phylloxera de la vigne dans la Gironde; caractères de l'insecte. Comptes rendus,* 24 avril 1876).

sissement de cette membrane, et au pôle postérieur le pédoncule fixateur (*fig.* 7, 7″, *c*; 8), dont la structure est analogue à celle du même appendice dans l'œuf d'hiver du *Phylloxera quercus* (comp. *Pl. V, fig.* 16 et 17). En face de lui s'élève un bouton chitineux, coloré en rouge brun, entièrement caché par les granulations du vitellus (*Pl. X, fig.* 7, *d*; 7″, *b*); ce bouton est formé d'une partie centrale granuleuse et d'une partie périphérique homogène, et est entouré d'une masse arrondie, claire et pâle, qui le sépare du vitellus environnant (*fig.* 7, *d*; 7″, *a*). Cette masse est composée elle-même de cellules allongées, semblables à des cellules d'épithélium cylindrique, à contenu finement granuleux, et à noyau clair et elliptique; elles sont disposées en rayonnant autour du bouton chitineux et augmentent de longueur en allant de la base vers le sommet de celui-ci. J'ignore entièrement la signification de ces parties, qui paraissent dépendre des téguments de l'œuf et ne prennent aucune part au développement de l'embryon (¹); *b*, couche périphérique de petites granulations vitellines jaunes, placée entre le chorion et le vitellus central formé de gros globules incolores *c*. C'est cette couche qui donne à l'œuf fraîchement pondu sa coloration jaune, qui passe ensuite au vert olive, lorsqu'il s'y joint la teinte violacée que prend le chorion quelque temps après la ponte.

Fig. 8. — Œuf d'hiver au début du développement embryonnaire; un blastoderme complètement formé *b* entoure le vitellus central *c*, qui s'est divisé en gros fragments polyédriques. Par suite de la compression que l'œuf a éprouvée, il s'est produit un écartement anormal entre le blastoderme *b* et la membrane externe *a*.

Fig. 9. — *a*, segment vitellin isolé, formé de globules inégaux réunis en une masse ovoïde commune par le plasma homogène du vitellus; *b*, petits éléments de la couche périphérique jaune du vitellus, placés d'abord au-dessous du chorion et plus tard au-dessous de l'enveloppe séreuse de l'embryon.

Fig. 10. — Ovaire avorté d'une femelle dioïque sortie d'un œuf pondu par une larve radicicole. L'ovaire se réduit à un petit amas de cellules *a*, qui représente probablement une chambre germinative avortée (*comp.* avec *a*, de la *fig.* 4, *Pl. IV*, qui montre une chambre germinative bien développée). L'oviducte *c* se termine à sa partie antérieure par deux diverticules en cul-de-sac, *b*, *b'*, qui représentent les trompes avortées, et dont l'un, *b*, est surmonté du petit amas de cellules. Les organes accessoires femelles étaient conformés normalement chez cet individu.

PLANCHE XI.

Fig. 1. — Jeune individu issu de l'œuf fécondé (Phylloxera printanier, mère fondatrice), vu par la face dorsale.

Fig. 2. — Le même vu par la face ventrale.
Ces deux figures sont grossies 110 fois.
Le produit de l'œuf fécondé ou œuf d'hiver constitue réellement une quatrième

---

(¹) J'ai observé également le bouton chitineux dans l'œuf des Cicadides (*Delphax*); il est placé au gros bout de l'œuf et présente une coloration jaune ou brune.

forme femelle du Phylloxera de la vigne, les trois autres formes étant l'aptère radicicole ou gallicole, la femelle ailée et la femelle dioïque.

Il ressemble à sa mère dioïque par sa forme allongée et ses antennes en fuseau, mais il en diffère par sa taille moindre et surtout par la présence d'un long suçoir et d'organes digestifs bien développés; à l'âge adulte, par son ovaire formé d'un grand nombre de gaines ovifères (quarante-cinq à cinquante). Il est toujours facile de le distinguer des jeunes larves ordinaires des galles ou des racines par la forme de ses antennes (*voir* les *fig.* 4 à 7 de la Planche et leur explication). Une autre particularité du jeune Phylloxera printanier est d'avoir son suçoir logé dans une dépression profonde, en forme de gouttière, de la face ventrale du corps, d'où il résulte qu'il ne fait presque pas de saillie au-dessus de cette surface. Sa taille moyenne est de 0^{mm},42 de long sur 0^{mm},18 de large.

Fig. 3. — Mère fondatrice adulte, extraite, en mai, d'une galle formée sur une feuille de *Riparia*, vue par la face ventrale et grossie 50 fois. Sa longueur dépasse 1^{mm}; elle renferme plusieurs œufs mûrs prêts à être pondus. Sa forme et sa structure sont presque celles des grosses femelles gallicoles ordinaires. Le rostre est placé, comme chez le jeune individu, dans une gouttière longitudinale de la face ventrale du corps; il est relativement plus court et plus étroit que chez ce dernier. Les antennes sont courtes et cylindriques, et non plus fusiformes comme dans le premier âge. On remarquera dans la région moyenne des segments thoraciques les trois dépressions transversales, coupées en deux par la gouttière rostrale et se terminant à chaque extrémité par un enfoncement en doigt de gant. Ces sillons thoraciques existent aussi chez les autres formes du Phylloxera (¹), mais sont moins prononcés qu'ici; leur signification m'échappe, mais ils ont probablement des usages relatifs à la respiration, comme je suis porté à le croire par la ressemblance des enfoncements qui les terminent avec les stigmates thoraciques, que l'on aperçoit sur les lignes qui prolongent sur les côtés le premier et le troisième sillon du thorax (²).

Fig. 4 à 8. — Elles montrent les transformations des antennes chez les jeunes des générations issues de la mère fondatrice. Grossissement de 380 fois.

Chez la jeune mère fondatrice, le troisième article des antennes est fusiforme (*fig.* 4); les deux poils latéraux de cet article sont placés à une certaine distance l'un en arrière de l'autre; les poils terminaux sont un peu plus longs que chez la femelle dioïque, et la fossette olfactive est petite et ovale. Dans la première génération issue de la mère fondatrice (*fig.* 5), le troisième article est encore fusiforme, mais les deux poils latéraux se sont un peu rapprochés l'un de l'autre, les poils terminaux se sont encore un peu allongés, et la fossette olfactive *a* s'est agrandie surtout dans la direction longitudinale. Dans la génération suivante (petites-filles de la mère fondatrice) (*fig.* 6), le troisième article tend à se renfler dans sa partie moyenne par la projection de sa face externe en dehors; le poil latéral postérieur

---

(¹) Voir Max. Cornu, *Études sur le* Phylloxera vastatrix, 1878, *Pl. XVII, fig.* 6: *Pl. XVIII, fig.* 3 et 4.

(²) J'ai observé ces mêmes sillons des segments thoraciques chez le *Chermes abietis.*

est remonté et s'est placé presque au même niveau que le poil antérieur ; la fossette olfactive *a* s'est encore un peu agrandie. Enfin, dans toutes les générations suivantes (*fig.* 7 et 8), le troisième article a pris les caractères ordinaires qu'on lui voit chez les jeunes larves radicicoles et gallicoles : il est très renflé dans sa partie moyenne et taillé en bec de flûte aux dépens de sa face externe ; les poils latéraux sont rapprochés et presque au même niveau ; les poils terminaux sont longs et robustes, et la fossette olfactive est arrivée au maximum de sa grandeur ; c'est à ce moment qu'on peut se rendre le mieux compte de la structure assez compliquée de l'organe de l'olfaction du Phylloxera de la vigne.

Cet organe est vu de profil dans la *fig.* 7, *a*, et de face dans la *fig.* 8, *a*.

Dans la position de face, il se présente comme une dépression régulièrement ovalaire de la surface de l'antenne, placée obliquement sur le côté externe du bec de flûte. Cette dépression est entourée sur son bord d'une lamelle chitineuse inclinée en dedans, et de son fond s'élève un plateau porté sur un pédoncule court, qui n'est pas sans analogie avec le disque vibratile des Vorticelles, sauf qu'il ne porte pas de cils à son pourtour. Entre le disque et la bordure chitineuse règne un sillon circulaire assez profond d'où s'élève une rangée de petits tubes ou plutôt de petits cônes très pâles, percés d'un orifice à leur sommet (*fig.* 8, *a*). Ces cônes chitineux servent probablement au passage des baguettes ou styles des cellules olfactives (¹), malheureusement la petitesse de ces parties ne m'a pas permis de faire une étude plus approfondie de l'appareil olfactif chez le Phylloxera.

Fig. 9. — Œuf pondu de la mère fondatrice ; il ressemble complètement par la taille et l'aspect aux œufs des pondeuses gallicoles ordinaires, et présente souvent aussi, comme ceux-ci, la figure réticulée en relief du chorion.

(¹) Voir Hausen, *Physiologische und histologische Untersuchungen über das Geruchsorgan der Inserten* (*Zeitschrift f. wiss. Zool.*, t. XXXIV, p. 367 ; 1880).

*Désinfection des végétaux d'ornement destinés au commerce
d'exportation;*

Par M. LAUGIER.

Les essais de désinfection des végétaux d'ornement destinés au commerce d'exportation, entrepris à la station agronomique de Nice, dès le
mois de décembre 1882, de concert avec M. le D^r Kœnig, directeur de la
station agronomique d'Asti, membre de la Commission supérieure italienne
du Phylloxera, viennent d'être renouvelés dans le courant de septembre 1883,
sur des végétaux de serre tempérée ou de pleine terre sous le climat de la
zone de l'oranger. Ces nouveaux essais, effectués sur des plantes en pleine
végétation, ont donné, comme les premiers, des résultats très favorables.

Les végétaux soumis aux essais ne paraissent, en général, avoir
éprouvé aucune souffrance ni aucun arrêt dans leur évolution. Comme pour
les premiers essais, nous avons employé, pour la désinfection des feuilles
et des rameaux, l'acide cyanhydrique gazeux, proposé par M. le D^r Kœnig,
et, pour la désinfection des racines et de la terre qui les enveloppe, des
solutions étendues de sulfocarbonate de potassium que j'avais proposées.

Quelques essais pour la désinfection des racines ont été effectués avec
une émulsion aqueuse de sulfocarbonate d'éthyle, proposée par M. le D^r Kœnig. En même temps des essais de contrôle ont été faits avec des fragments
de racines de vignes phylloxérées. Dans ces essais de contrôle, les Phylloxeras et leurs œufs ont été détruits sans exception, bien que le temps
pendant lequel les racines phylloxérées avaient été maintenues, soit dans
l'atmosphère gazeuse liquide, soit dans les solutions insecticides, fût beaucoup plus court que la durée d'immersion des végétaux soumis aux essais.
Les fragments de racines phylloxérées, pour les essais de contrôle avec les

solutions insecticides, étaient d'ailleurs placés dans les mêmes conditions que les racines des plantes mises en expérience, c'est-à-dire introduits dans un tube en toile métallique, enfoncé quelque temps à l'avance dans la terre de vases semblables, comme dimensions, à ceux qui contenaient les végétaux destinés aux essais. Des fragments de racines phylloxérées, conservés dans les mêmes conditions, comme témoins, permettaient de contrôler les résultats des expériences.

Ces expériences, qui présentent, croyons-nous, un très grand intérêt pour les horticulteurs et, en particulier, ceux des Alpes-Maritimes, pourront prochainement, grâce aux encouragements que M. le Ministre de l'Agriculture et l'Académie ont bien voulu nous accorder, être poursuivis sur une plus grande échelle et étendus aux végétaux de serre chaude. Nous aurons l'honneur de soumettre à l'Académie un Rapport détaillé sur les résultats obtenus.

Mais, dès à présent, il nous sera permis de rendre un hommage mérité au zèle et à l'intelligence avec lesquels M. le Dʳ Kœnig a rempli, à Nice, la mission, si importante au point de vue de l'horticulture, dont l'heureuse initiative est due à l'administration supérieure de l'Agriculture d'Italie.

*Résultats fournis par les traitements des vignes phylloxérées,
dans les Alpes-Maritimes ;*

Par M. LAUGIER.

Je suis heureux de pouvoir vous annoncer que les traitements effectués, en 1882-1883, sur les vignes phylloxérées des Alpes-Maritimes, ont donné, dans leur ensemble, comme en 1881-1882, d'excellents résultats, au point de vue insecticide, comme à celui de la végétation des vignes traitées par le sulfure de carbone et par le sulfocarbonate de potassium.

Les résultats obtenus à la suite des traitements mixtes au sulfocarbonate de potassium et au sulfure de carbone, que j'avais institués en 1880, sont, en particulier, des plus satisfaisants et viennent confirmer ceux que je vous avais déjà signalés l'an dernier. C'est ainsi que, dans les vignobles d'une superficie de 5ʰᵃ, appartenant à M. Bacigalupi, situés au Bellet, près de Nice, et traités pour la première fois en 1882-1883, il n'a pas été possible jusqu'à présent de retrouver un seul Phylloxera à la suite de fouilles minutieuses effectuées, mensuellement, à neuf reprises différentes et au cours desquelles près de la moitié des ceps des vignobles ont été examinés avec soin. En septembre dernier, M. le Dr Kœnig, membre de la Commission supérieure du Phylloxera, délégué à Nice par son Gouvernement pour les essais de désinfection des végétaux destinés au commerce d'exportation, a dirigé lui-même les recherches, sur ma prière, avec le propriétaire et une équipe de six ouvriers exercés, sans pouvoir trouver de Phylloxeras dans les taches initiales très nombreuses ou à leur périphérie. Avant les traitements, les Phylloxeras étaient excessivement nombreux dans ce vignoble contaminé sur tous les points. Au point de vue de la végétation et de la fructification des ceps de ce vignoble, les résultats sont également des plus satisfaisants, ainsi qu'ont pu le constater M. le D^r Kœnig et avant lui, en mai et avril 1883, M. Max. Cornu, Inspecteur général de l'Agriculture, et M. Godefroy, directeur de l'École d'Agriculture de Grand-Jouan. Au point de vue insecticide, sans pouvoir affirmer que le Phylloxera a été complètement détruit, car les recherches les plus minutieuses ne peuvent donner, vous ne l'ignorez pas, une certitude absolue, il est permis de dire que, jusqu'à présent, les résultats observés ne laissent rien à désirer. Du reste, par mesure de précaution, un nouveau traitement pourra, je l'espère, être effectué cet hiver dans ces vignobles, dont les sols présentent, il n'est pas inutile de l'ajouter, des différences de composition très marquées.

En résumé, il paraît possible d'arriver, à l'aide de traitements mixtes, réitérés, au sulfocarbonate de potassium et au sulfure de carbone, effectués en temps opportun, et dans les conditions de dosage convenables, sans nuire en rien à la végétation des ceps traités, à l'extinction graduelle des foyers phylloxériques, telle qu'elle est rapidement obtenue, en Suisse et en Italie, par les travaux de destruction des vignobles contaminés, travaux réalisés dans ces deux pays, malgré de très grandes difficultés, avec une activité et une énergie dignes de tous les éloges.

Sur les générations parthénogénésiques du Phylloxera et sur les résultats obtenus par divers modes de traitement des vignes phylloxérées ;

Par M. P. BOITEAU.

Villegouge, le 22 novembre 1883.

Arrivé à la fin de ma troisième année d'observation du Phylloxera parthénogénésique, je viens vous rendre compte des constatations que j'ai faites et des résultats que nous avons obtenus.

A la même époque, l'année dernière, j'avais laissé la reproduction parthénogénésique à la neuvième génération. Le commencement de la ponte s'est effectué le 22 mai ; les éclosions ont commencé le 4 juin, pour la première génération de la troisième année. Cette génération était la dixième à partir de l'œuf fécondé.

Cette première génération de la troisième année a pondu le 3 juillet ; les éclosions ont commencé le 14. Les insectes de la deuxième génération de la troisième année ont commencé à pondre le 4 septembre ; les éclosions ont commencé le 15. Cette troisième génération s'est fixée sur les racines, sans opérer de mue ; elle est destinée à hiverner.

Le nombre d'œufs pondus par ces différentes générations n'a pas été bien considérable : il a pu varier, en moyenne, de vingt à trente. Cela tient surtout à la nourriture peu abondante et surtout peu substantielle que rencontrent ces individus sur des racines en tubes. La chose est si vraie, que les mêmes insectes, mis sur des racines de vignes cultivées en pots, ont donné un nombre bien plus considérable d'œufs ; que leur vigueur a augmenté en raison de la nourriture abondante qu'ils rencontraient. Je vais continuer à élever parallèlement ces deux séries d'individus ; je verrai, l'année prochaine, ce qu'ils deviendront.

Dans le courant de cette troisième année, je n'ai pas observé de transformation en nymphe. L'année dernière, j'avais obtenu, sur les insectes de la deuxième année, des générations agames, des nymphes, des ailés et des sexués qui avaient pondu des œufs fécondés. Il semblerait, d'après cela, que cette transformation s'effectuerait pendant la deuxième année des générations agames.

J'ai essayé, comme les années précédentes, de faire fixer, soit sur des racines en tubes, soit sur des racines de pieds en pots, des insectes issus de l'œuf d'hiver ou de la première génération. Comme par le passé, il m'a été impossible d'obtenir le greffage de ces individus, qui se sont laissés mourir sans essayer de piquer les racines mises à leur portée.

Voici une autre observation, que je fais depuis trois ou quatre ans. Plus nous nous éloignons du moment de l'invasion, moins nous rencontrons d'insectes ailés et par suite de sexués. De 1875 à 1878, il n'était pas difficile de constater, au départ de la végétation, une grande quantité de jeunes Phylloxeras issus de l'œuf d'hiver, fixés sur les feuilles développées depuis cinq ou six jours. Les galles aussi étaient très nombreuses, sur presque tous nos cépages, et principalement sur quelques cépages américains récemment introduits. Aujourd'hui, il n'en est plus de même. Les insectes ailés sont beaucoup plus rares; il est très difficile d'observer des sexués, et surtout de rencontrer des œufs d'hiver. Cette année et l'année dernière, les galles ont été très rares sur les cépages américains, et il ne m'a pas été possible d'en trouver sur les cépages français. Ces faits peuvent être dus à deux causes qui nous paraissent être les principaux facteurs de la production des nymphes : la diminution du nombre des vignes et la petite quantité de chevelu que possèdent celles qui restent.

Il est à remarquer que les nymphes se développent surtout, et en très grande abondance, sur les jeunes radicelles bien tendres et d'une exubérante vitalité. En y ajoutant la dégénérescence inévitable des individus qui ne possèdent pas un nombre suffisant d'insectes fécondés, on doit avoir les causes principales de cet appauvrissement.

Par suite de ces faits, il m'a été très difficile de poursuivre l'étude des lieux d'élection de l'œuf d'hiver : nous en sommes toujours au même point, dans les observations qui s'y rattachent.

Par suite de cela aussi, il ne m'a pas été possible de comparer l'effet des badigeonnages employés pour la destruction des œufs d'hiver, du moment où nulle part, dans mes vignes et celles de mes voisins, il ne m'a été possible d'observer une galle phylloxérique. Si ce fait n'a pu être constaté, il n'en est pas de même des effets produits sur les ceps par les différentes substances employées. Les mélanges préconisés par M. Balbiani (9 parties de coaltar et 1 partie d'huile lourde) ont amené des désordres assez graves dans le début de la végétation, mais la plante n'a guère paru en souffrir plus tard.

Par suite de ces badigeonnages, la végétation a été retardée de quelques jours; les pampres ont poussé moins vigoureusement au début et ont surtout présenté un aspect chlorotique des plus prononcés. Plus tard, la végétation et la coloration ont repris le dessus; aux mois de juillet et d'août, il n'y paraissait plus. Les couches corticales, bien que pénétrées par le liquide sur plusieurs points dénudés, n'ont pas été trop avariées; mais les particularités présentées par la végétation indiquent qu'il ne serait probablement pas prudent de continuer, plusieurs années de suite, ces applications. Les préparations que j'ai indiquées (huile lourde mélangée à la chaux et à l'eau) n'ont pas produit les mêmes effets que celles qui ont été préconisées par M. Balbiani : leur application passe complètement inaperçue.

Sulfure de carbone. — Les traitements par le sulfure de carbone ont été continués sur une plus grande échelle que les années précédentes, et la campagne qui s'ouvre paraît devoir mettre à sec toutes les usines fabriquant ce produit. Cela provient des excellents résultats qui ont été obtenus par ceux qui ont persévéré dans son emploi, et du désir qu'ont ceux qui n'ont pas encore commencé, de tenter de sauver les vignobles qu'ils possèdent encore en assez bon état.

Les accidents ont été peu fréquents l'année dernière, excepté chez ceux qui, malgré les indications données, ont persisté à opérer pendant la période très mouillée de l'hiver dernier. Ceux qui avaient pratiqué les opérations de bonne heure, et ceux qui ne les ont faites qu'à partir du mois de juin, s'en sont bien trouvés : les résultats ont été excellents.

Il est aujourd'hui parfaitement démontré que les traitements d'hiver doivent se faire par un temps relativement sec et dans des terrains qui ne tiennent pas l'eau. Pendant l'été, les dangers sont toujours nuls, si l'on ne pratique pas les opérations sur la floraison et la véraison. Le départ de la végétation demande aussi à être ménagé, et il n'est pas toujours indifférent de mettre du sulfure dans le sol à ce moment. Quant aux doses, elles doivent varier entre 150^{kg} et 200^{kg} à l'hectare, suivant que les sols sont humides ou secs.

Les bons effets obtenus ont encouragé les viticulteurs dans la lutte, et les replantations, en vignes françaises, se font sur une assez grande échelle.

Le sulfocarbonate de potassium produit d'aussi bons effets que le sulfure de carbone et est moins dangereux; mais ce qui empêche sa vulgarisation, c'est la dépense occasionnée par la quantité d'eau et la main-d'œuvre qu'il nécessite.

Vignes américaines. — L'engouement pour les vignes américaines commence à disparaître : beaucoup des propriétaires qui en avaient planté les arrachent, pour les remplacer par des vignes françaises franches de pied. Ce retour aux vignes indigènes provient de la difficulté d'adaptation des vignes américaines et des déboires occasionnés par le greffage.

Cette opération, qui avait paru devoir être facilement effectuée au début, présente des difficultés sérieuses; elle donne si souvent des mécomptes que les plus téméraires reculent après quelques années d'essais. Cette question semble donc entrer dans une phase de recul, qui est surtout amenée par les bons résultats obtenus par les insecticides, combinés avec les engrais et les bonnes façons culturales.

Ce qui encourage encore les viticulteurs à replanter des vignes indigènes, c'est le nouveau mode d'emploi des insecticides. Depuis un an, un grand nombre de sulfureuses à traction ont fait leur apparition dans les vignobles et favorisent singulièrement les opérations.

Ce qui faisait reculer dans les traitements, ce n'était pas précisément l'achat du sulfure de carbone, mais bien le personnel que l'on ne rencontrait pas toujours disposé, et en assez grande quantité, au moment où l'on en avait besoin. Pendant l'été, le travail était aussi très difficile et souvent impossible. Avec les sulfures, il n'en sera pas ainsi, du moment où il suffira au propriétaire de mettre en mouvement un seul animal de trait et un seul homme, pour traiter, en tout temps, un demi-hectare de vigne par jour. Avec les appareils à traction, le travail est aussi beaucoup plus régulier, comme distribution et comme dosage.

Je suis heureux de pouvoir annoncer à l'Académie que j'ai inventé, avec un jeune mécanicien de ma localité, une sulfureuse à traction et à perforations verticales (pal mécanique), qui peut se transformer, sans addition de pièces, en draineuse à jet intermittent ou continu. Cet appareil, le plus complet de ceux qui existent, peut faire trois séries d'opérations, et sa transformation ne demande que quelques minutes. Les résultats que nous avons obtenus sont des plus remarquables, aussi bien pendant l'été que pendant l'hiver.

Sur le Phylloxera gallicole;

Par M. F. HENNEGUY.

J'ai poursuivi cet été mes recherches sur le Phylloxera gallicole. Comme plusieurs personnes l'ont remarqué, les galles ont été relativement rares cette année. Parmi les faits que j'ai pu recueillir, les deux suivants sont les plus intéressants.

Dans le domaine de la Paille, près de Montpellier, il y a un grand champ planté en Riparia qui, pendant trois années consécutives, a été couvert de galles. Ce champ avait été choisi l'hiver dernier par M. Balbiani pour faire des expériences de badigeonnages contre l'œuf d'hiver. Au mois de mars 1882, on avait, en effet, trouvé dix-huit œufs d'hiver sur cinq souches prises sur hasard, et pendant l'été tous les pieds avaient porté de nombreuses galles. Au mois de février 1883, sur une quinzaine de souches examinées avec soin, je n'avais pu trouver qu'un seul œuf d'hiver. Il était à prévoir que les galles seraient rares pendant l'été; une partie des vignes fut badigeonnée à la fin de février, l'autre partie fut laissée intacte pour servir de témoin. Le vignoble fut exploré minutieusement à plusieurs reprises et *pas une seule* galle ne s'est montrée sur les feuilles dans tout le courant de l'année, aussi bien dans la partie témoin que dans la partie traitée. L'expérience a donc été négative au point de vue de la destruction de l'œuf d'hiver, car on espérait que les galles apparaîtraient dans la partie témoin et manqueraient sur les souches badigeonnées, mais elle a prouvé que la végétation n'avait pas souffert du badigeonnage fait avec un mélange de 9 parties de goudron de houille et de 1 partie d'huile lourde.

La propriété de M. Laliman, à Bordeaux, célèbre par la quantité de galles qu'y portent les cépages américains, a présenté, à ce point de vue, une différence notable avec les années précédentes. Dans les derniers jours du mois d'avril, après l'éclosion des œufs d'hiver, j'ai trouvé quelques jeunes galles sur des Clintons et des Taylors. Au mois d'août, ces galles s'étaient multipliées, mais beaucoup moins que d'ordinaire. Tandis que les années précédentes les pieds de vignes indemnes étaient exceptionnels, cet été on était obligé de chercher les vignes gallifères; de plus, sur beaucoup de ces dernières, les galles ne se trouvaient qu'à l'extrémité des sarments sur les plus jeunes feuilles, ce qui indiquait que ces vignes n'avaient été infestées que tardivement par contagion et non directement par des œufs d'hiver. Des pieds de Vialla, dont, en 1882, les feuilles et les vrilles et même le bois des jeunes pousses étaient déformés par les nombreuses galles qu'ils portaient, étaient complètement indemnes cette année.

Dans une Communication faite à l'Académie, au mois de décembre 1882, j'avais émis l'hypothèse de l'existence de sexués gallicoles pour expliquer l'apparition presque constante de galles dans les mêmes vignobles; mes nouvelles recherches n'ont pas été plus heureuses que les précédentes et il ne m'a pas été possible de trouver un seul individu sexué parmi les milliers de gallicoles que j'ai examinés. L'absence complète de galles sur des pieds qui en étaient couverts l'année dernière semblerait bien indiquer qu'il n'y a pas de sexués gallicoles; cependant, avant de rejeter cette hypothèse, basée sur l'analogie qui existe entre le Phylloxera de la vigne et celui du chêne, je crois devoir faire remarquer que la plupart des galles que j'ai recueillies de la Paille l'année dernière, vers la fin de septembre, étaient vides, ou ne renfermaient plus que des insectes desséchés, tandis que les années précédentes j'avais trouvé dans les galles des pondeuses et des jeunes Phylloxeras jusque vers la fin d'octobre. Il se pourrait donc que l'année dernière les sexués gallicoles n'aient pas eu le temps de se produire, les individus destinés à leur donner naissance étant morts prématurément, sans doute sous l'influence de conditions climatologiques non déterminées.

M. Marion pense que les galles qui apparaissent tardivement dans le courant de l'été sont produites par des insectes radicicoles sortis de terre et venus se fixer sur les feuilles. Cette genèse des galles est évidemment possible, puisque M. Balbiani est parvenu à faire se fixer des radicicoles sur des feuilles de vigne, en les habituant à vivre dans un milieu de moins en moins humide, et que M. Max. Cornu a obtenu une galle dans des conditions semblables; mais ces faits sont exceptionnels, et je crois que l'apparition des galles, en l'absence de l'œuf d'hiver, doit être fort rare. Chaque fois que j'ai constaté la formation tardive de galles dans un vignoble, j'ai pu, en cherchant avec soin, retrouver le cep qui était la cause de l'infection. Il n'est pas toujours facile de trouver les premières galles. Un seul individu printanier, éclos vers le 15 avril, peut former une galle qui passe inaperçue; les jeunes qui sortiront de cette galle se répandront sur les vignes voisines, pourront être en partie détruits, et ne produiront que quelques galles isolées qui pourront également passer inaperçues; ce ne sera souvent qu'à la troisième ou quatrième génération que les galles deviendront plus nombreuses et commenceront à devenir visibles.

Si les Phylloxeras radicicoles quittent exceptionnellement la partie souterraine des vignes pour se fixer sur les feuilles, les gallicoles, au contraire, se portent volontiers aux racines et y fondent des colonies nouvelles, douées d'une grande fécondité, puisqu'elles sont très rapprochées des individus sortis de l'œuf d'hiver. La présence des galles dans un vignoble est donc une cause permanente d'infection : à chaque nouvelle génération de galles correspond en général une nouvelle invasion des racines. Il serait donc à désirer que les galles fussent détruites au fur et à mesure de leur production, surtout vers les mois de juin et de juillet. C'est, en effet, à cette époque que les galles se multiplient et que les générations de leurs hôtes se succèdent le plus rapidement.

Sur les procédés de M. Mandon *et de M.* Aman-Vigié,
pour le traitement des vignes phylloxérées;

Par M. F. HENNEGUY.

« Pendant mon séjour dans le Midi, j'ai visité, comme les années précédentes, différents vignobles traités par les insecticides, sulfocarbonate de potassium et sulfure de carbone, ou par la submersion. Je n'ai aucun fait nouveau à signaler relativement à ces traitements, que continuent à employer les propriétaires intelligents qui préfèrent conserver leurs vignobles ou en créer de nouveaux avec des cépages indigènes, en faisant quelques sacrifices, que de courir les chances d'une reconstitution à l'aide de cépages étrangers mal connus, dont chaque année un certain nombre sont déclarés non résistants.

» J'ai visité aussi, dans les environs de Carcassonne, quelques vignobles traités par un procédé dont on a beaucoup parlé depuis quelque temps, celui du Dr Mandon, consistant dans l'empoisonnement de la sève par une solution d'acide phénique. Chez M. Belloc, à Hugniac, 8ʰᵃ ont été soumis cette année au traitement phénolé; l'application des entonnoirs renfermant la solution a été faite à trois reprises différentes, sur tous les ceps, aux mois de mai, juillet et août. Lorsque je visitai le vignoble, dans les derniers jours du mois d'août, les ceps, au niveau des taches phylloxériques, étaient dans un état de dépérissement manifeste; mais quelques personnes, qui les avaient vus avant le traitement, m'assuraient que la végétation était un peu plus vigoureuse qu'au commencement de l'été. Les racines de tous les pieds que j'ai examinés étaient couvertes de Phylloxeras bien vivants. M. Belloc continuera à traiter ses vignes par l'acide phénique, l'année prochaine; ayant constaté l'état des vignes cette année, je pourrai me rendre compte plus tard de l'effet du traitement.

A Parctlongue, M. Castel, qui a traité aussi une partie de son domaine par le procédé de M. Mandon, a bien voulu faire placer devant moi, le 20 août, quelques entonnoirs remplis de la solution phénolée, sur des pieds de vignes bien phylloxérés. Je revins examiner ces vignes le 28 septembre; la solution avait été absorbée depuis longtemps; les racines des souches traitées étaient, comme chez M. Belloc, couvertes de Phylloxeras vivants. J'ai mis des fragments de ces racines dans un tube de verre, et les insectes, conservés dans une pièce chauffée, continuent de pondre et se comportent absolument comme des Phylloxeras pris sur des racines de vigne non traitée.

Le procédé de M. le Dr Mandon, tel que son auteur le préconise actuellement, ne parait donc avoir aucune action sur le Phylloxera. Quant au principe même du traitement, l'absorption d'un liquide toxique par la sève, il me semble devoir être réservé pour le moment. Il y a à ce sujet d'intéressantes recherches à faire au point de vue de la Physiologie végétale. Les expériences de M. de Laffitte et celles que j'ai entreprises cet été prouvent qu'un liquide toxique ou non, absorbé par une souche, peut monter vers les feuilles et descendre jusqu'aux racines; mais il reste à déterminer l'action du liquide absorbé sur les tissus du végétal et les transformations de ce liquide pendant son absorption. J'espère reprendre ces recherches au printemps prochain.

J'ai examiné aussi à Marseille des vignes soumises au traitement de M. Aman-Vigié. Ce traitement consiste à injecter dans le sol, au moyen d'un soufflet spécial, un mélange de vapeurs de soufre et d'acide sulfureux. M. Aman-Vigié sulfure ainsi depuis six ans une centaine de pieds de vigne dans son jardin, à Saint-Julien. Ces vignes présentent une belle végétation, quoique leurs racines portent un assez grand nombre de Phylloxeras; elles sont plantées, il est vrai, en cordons le long des allées, ce qui est une excellente condition de résistance, les racines pouvant s'étendre assez loin sans se gêner réciproquement.

M. Aman-Vigié n'a pu que cette année seulement installer un petit champ d'expériences dans lequel les vignes sont plantées en quinconce comme dans les vignobles du Midi; ce champ sera soumis au traitement l'année prochaine.

Les vapeurs d'acide sulfureux ne pénètrent pas profondément dans le sol et disparaissent rapidement; elles ne peuvent agir que sur les insectes

(61).

des racines superficielles. Le sulfurage, tel que le pratique M. Aman-Vigié,
aux mois de juillet et d'août, peut avoir une certaine influence sur l'essai-
mage en détruisant les nymphes qui sont sur le point de se transformer en
insectes ailés ; mais, pour exercer une action utile, les vapeurs devraient
pénétrer à une profondeur d'au moins o^m,6o, et séjourner dans le sol pendant un temps assez long. Du reste, l'inventeur du procédé ne prétend pas
débarrasser complètement la vigne du Phylloxera, mais seulement détruire
chaque année assez d'insectes pour permettre au végétal de vivre avec ses
parasites. Les expériences qui ont été instituées jusqu'à présent ont été
faites sur une trop petite échelle et dans des conditions trop particulières
pour permettre de porter un jugement définitif sur la valeur du traitement
proposé par M. Aman-Vigié.

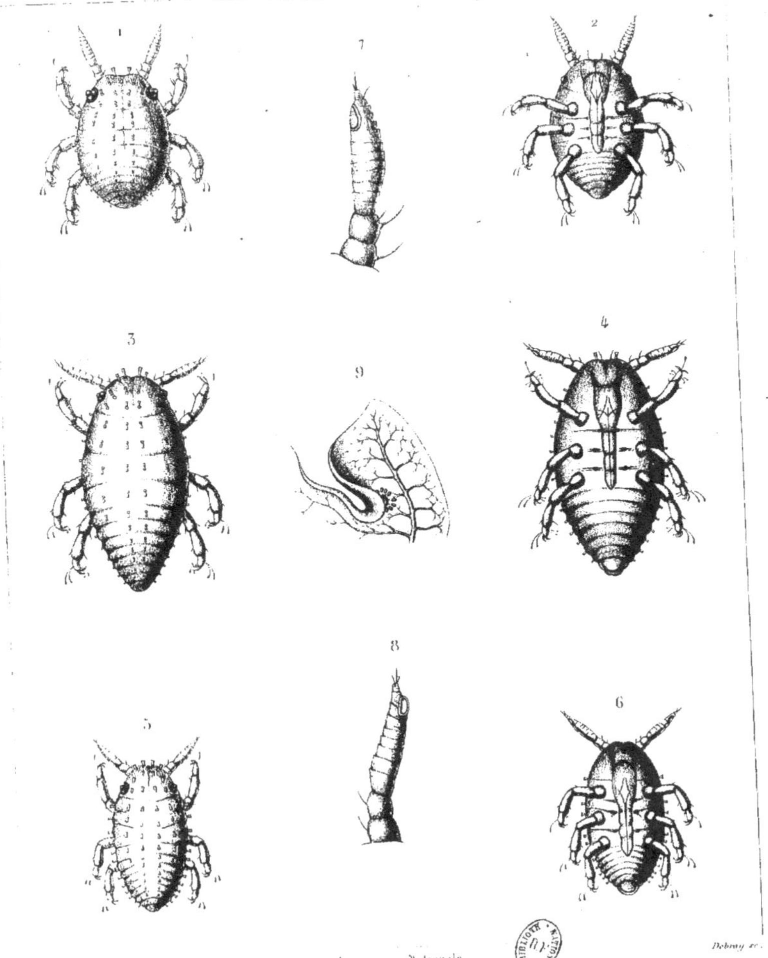
1
7
2
3
9
4
8
5
6
Halbour del
Imprimerie Nationale
Debray sc.
Phylloxera quercus

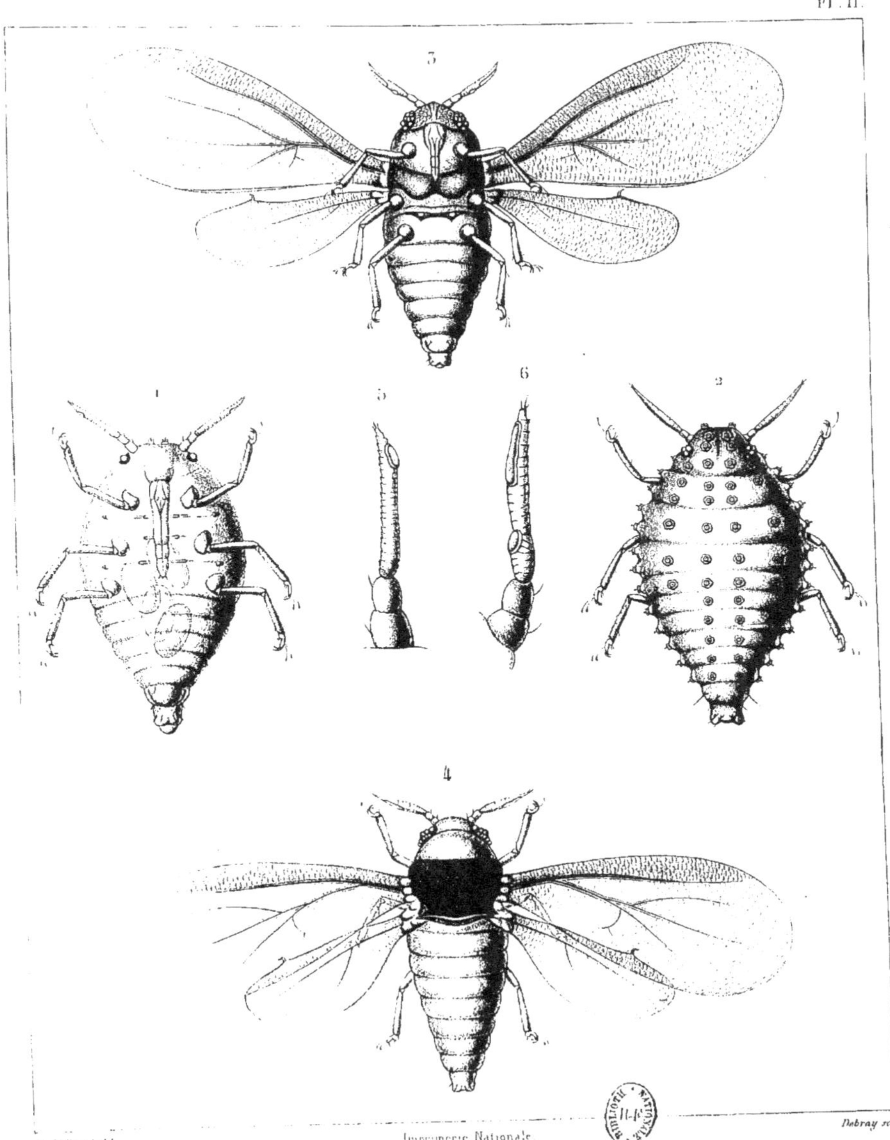

G. Balbiani del.

Imprimerie Nationale

Debray sc.

Phylloxera quercus

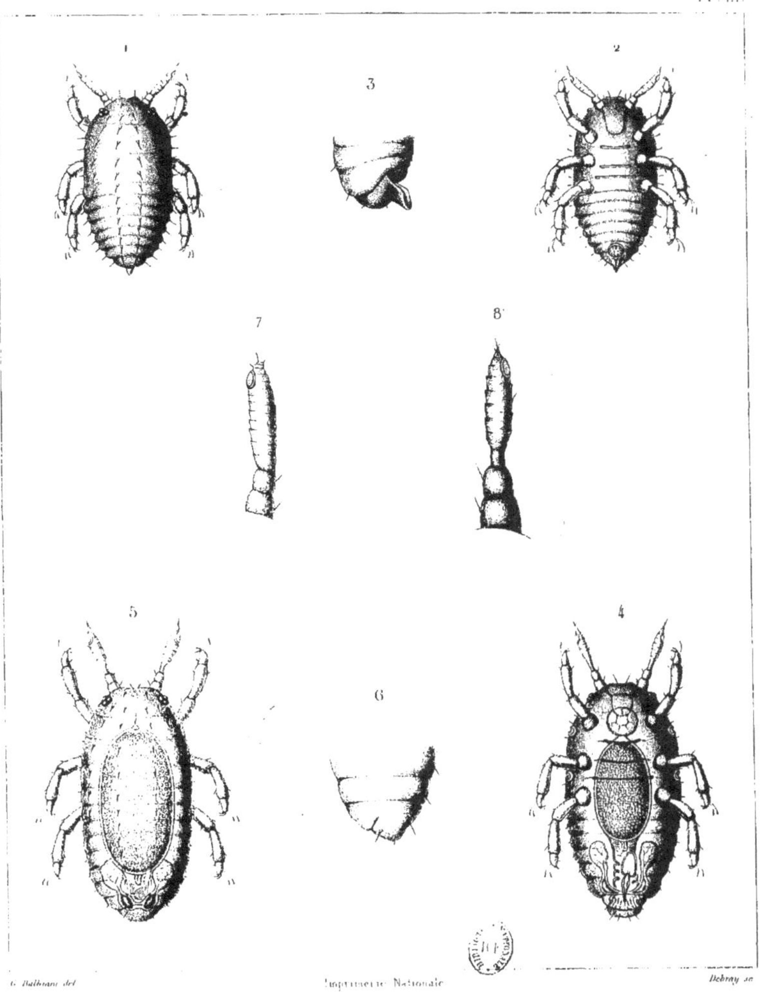

G. Balbiani del. Imprimerie Nationale Debray sc.

Phylloxera quercus.

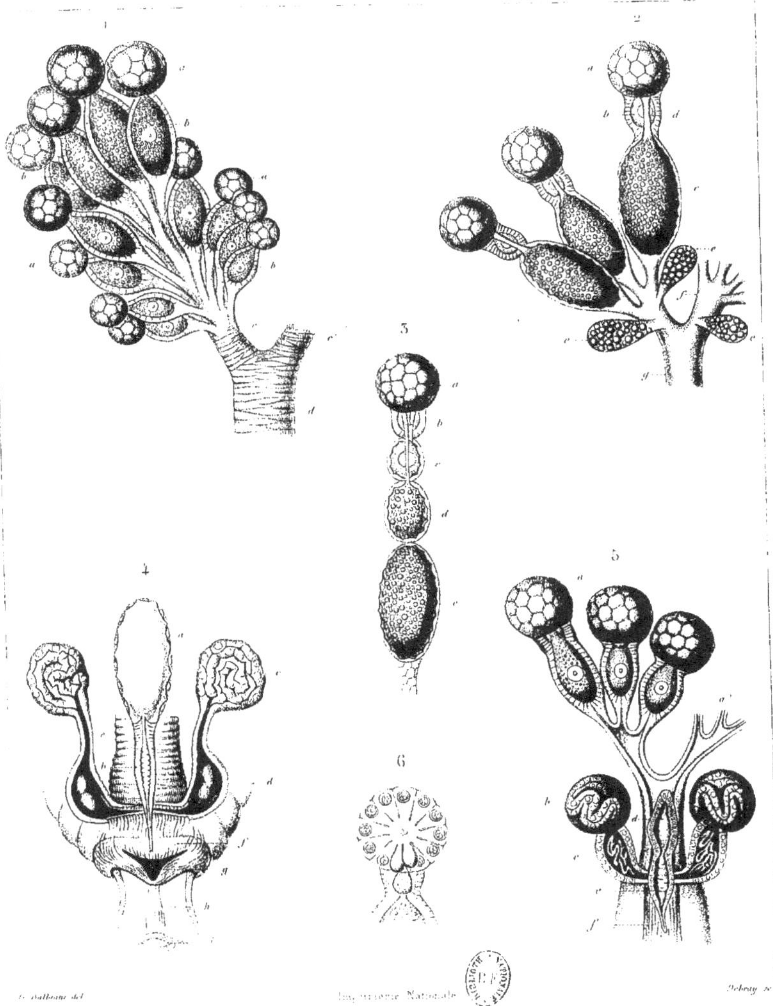

G. Balbiani del.
Imprimerie Nationale
Dehoty sc.
Phylloxera quercus

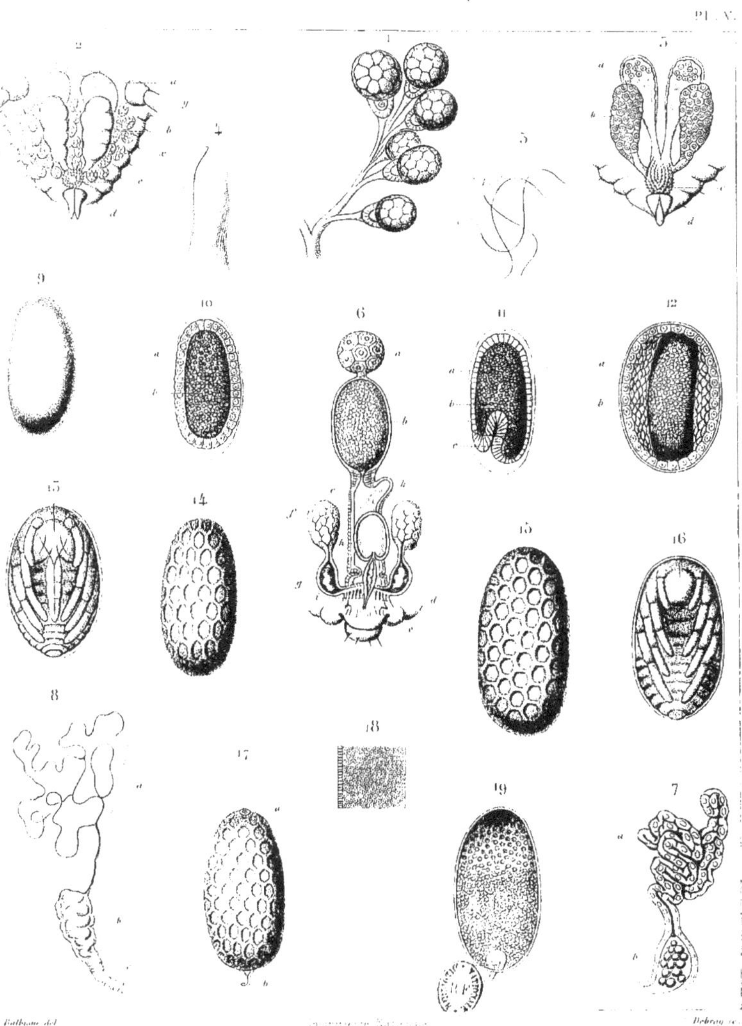

Phylloxera quercus

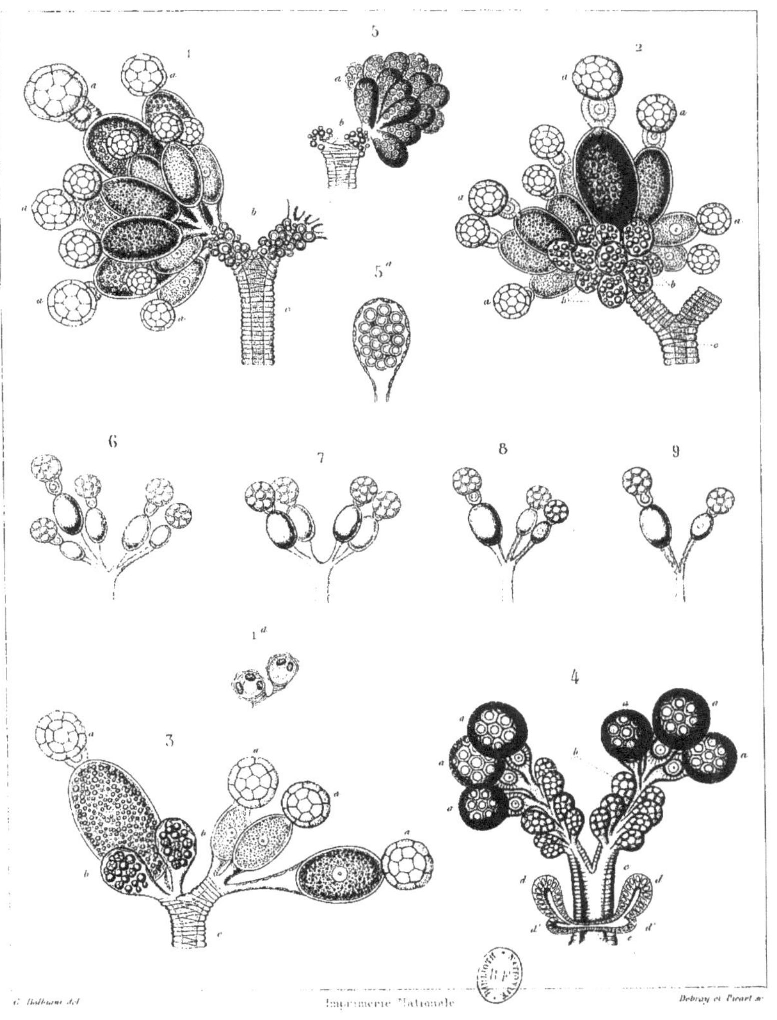

Phylloxera vastatrix

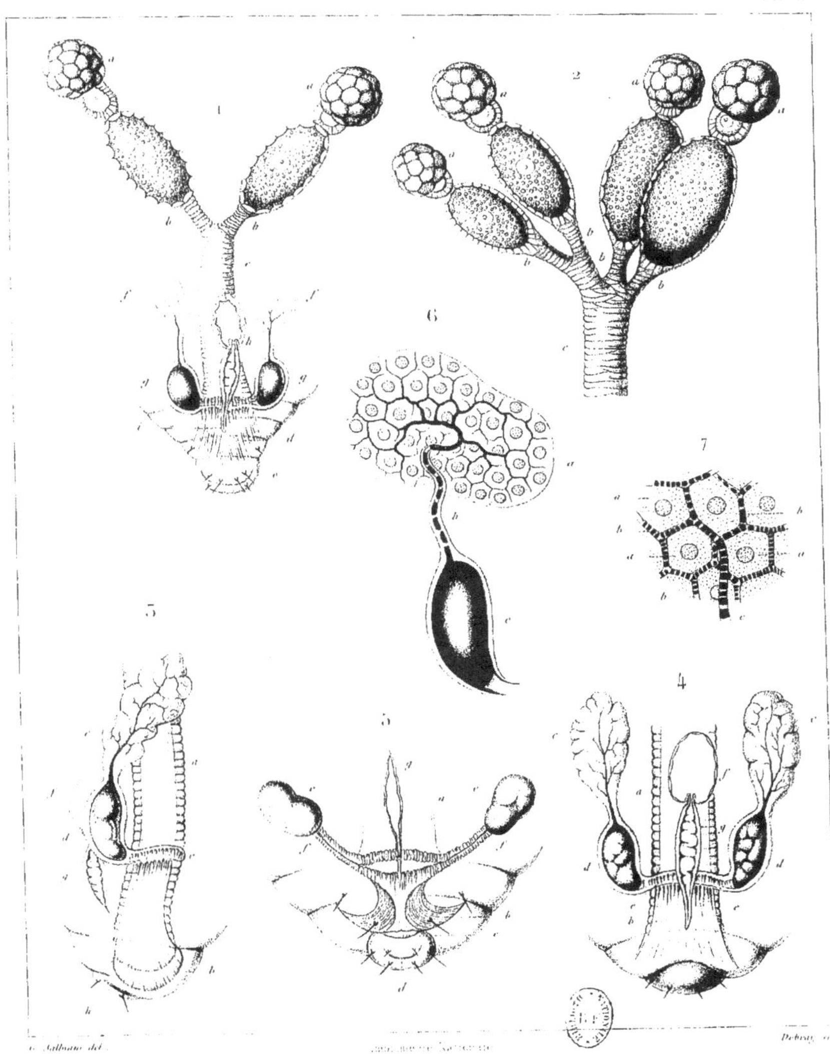

1
2
6
7
5
5
4

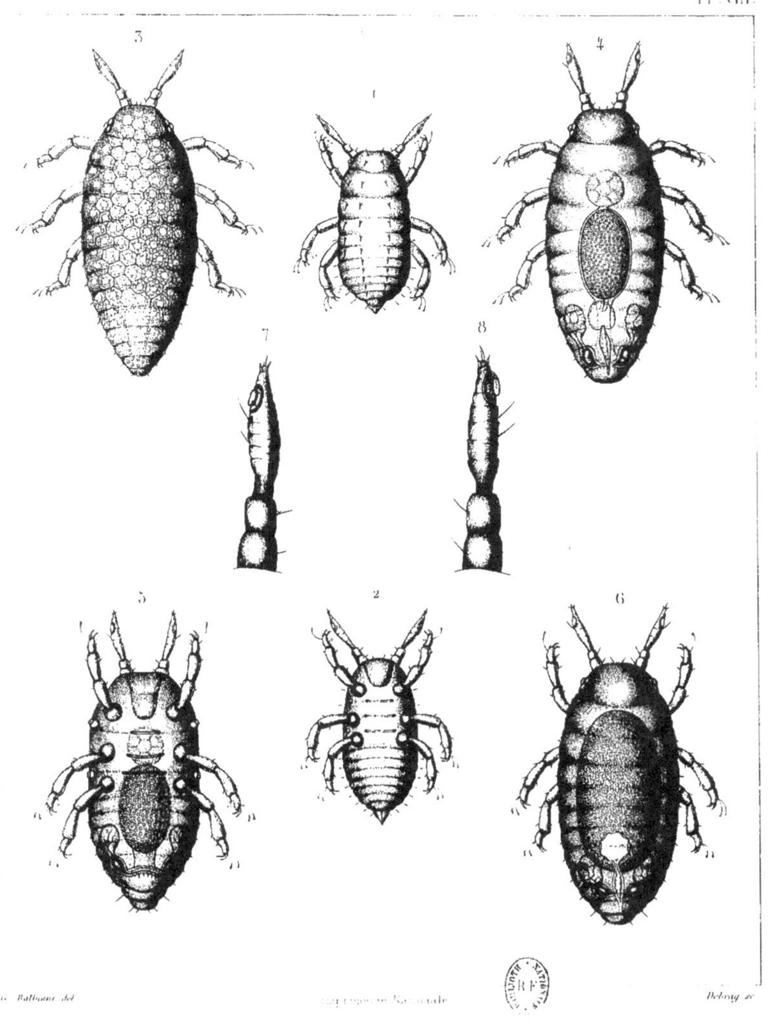

Phylloxera vastatrix

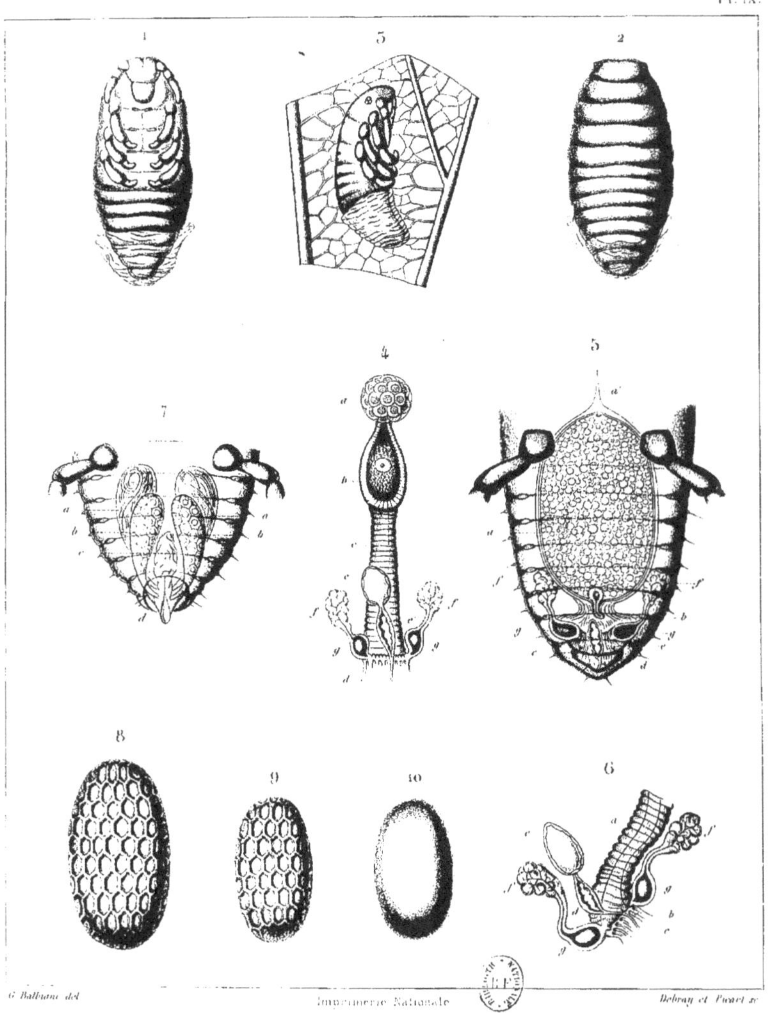

Imprimerie Nationale

Phylloxera vastatrix.

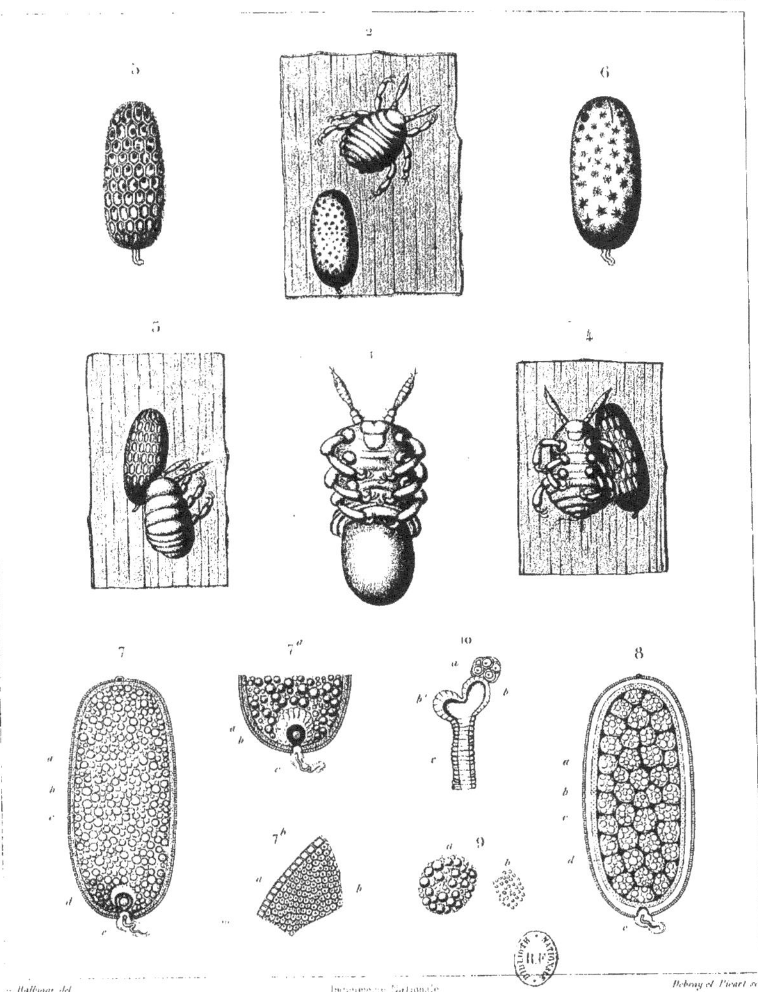
2
5
6
3
1
4
7
7ᵃ
10
8
7ᵇ
9
Halbrour del.
Imprimerie Nationale.
Debray et Picart sc.
Physozone variabilis.

G. Galbrun del.

Imprimerie Nationale

Debray et Picart sc.

Phylloxera vastatrix

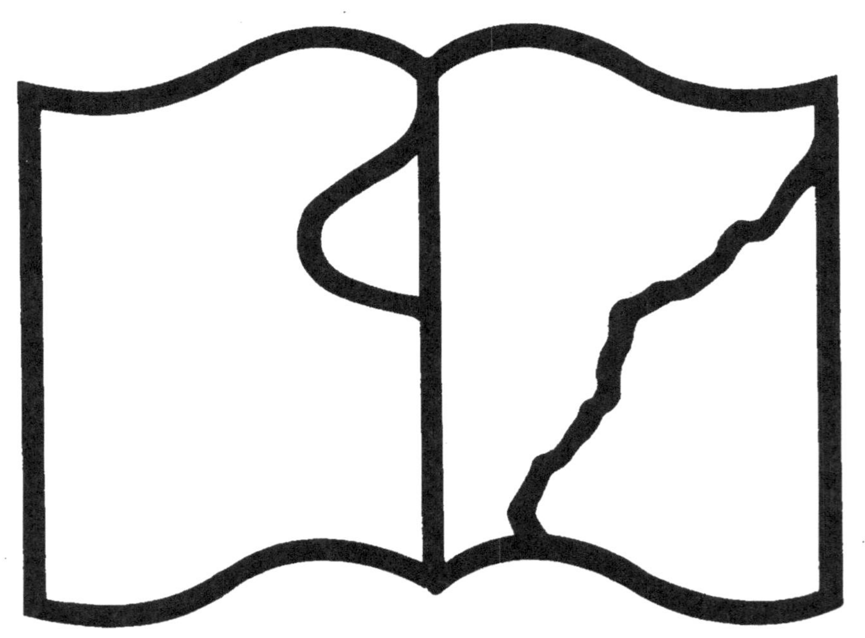

Texte détérioré — reliure défectueuse

NF Z 43-120-11